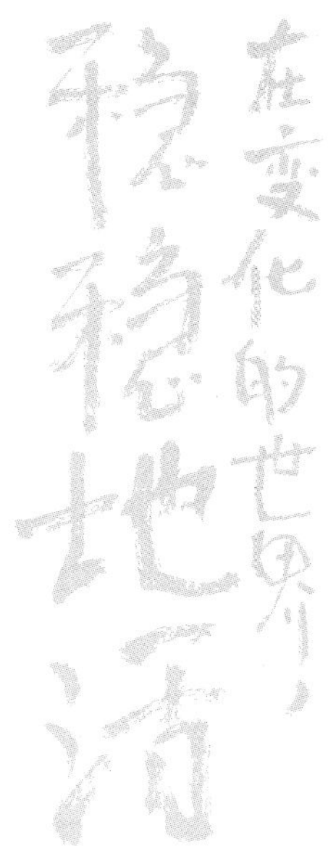

[日] 岸见一郎 著
马路坦 译

これからの哲学入門
未来を捨てて生きよ

哲学中的锚定之力

广西科学技术出版社

著作权合同登记号　桂图登字：20-2021-264号

图书在版编目（CIP）数据

在变化的世界，稳稳地活：哲学中的锚定之力 / (日) 岸见一郎著；马路坦译. —南宁：广西科学技术出版社，2022.6
ISBN 978-7-5551-1787-2

Ⅰ.①在… Ⅱ.①岸… ②马… Ⅲ.①人生哲学—通俗读物 Ⅳ.①B821-49

中国版本图书馆CIP数据核字（2022）第066062号

ZAI BIANHUA DE SHIJIE, WENWEN DE HUO: ZHEXUE ZHONG DE MAODING ZHI LI
在变化的世界，稳稳地活：哲学中的锚定之力
[日]岸见一郎　著　　马路坦　译

策划编辑：冯　兰
助理编辑：常　坤
装帧设计：古涧千溪
版权编辑：尹维娜
责任编辑：蒋　伟　冯　兰
责任校对：张思雯
责任印制：高定军

出 版 人：卢培钊
出版发行：广西科学技术出版社
社　　址：广西南宁市东葛路66号
邮政编码：530023
电　　话：010-58263266-804（北京）　0771-5845660（南宁）
传　　真：0771-5878485（南宁）
网　　址：http://www.ygxm.cn
在线阅读：http://www.ygxm.cn

经　　销：全国各地新华书店
印　　刷：北京中科印刷有限公司
邮政编码：101118
地　　址：北京市通州区宋庄工业区1号楼101号
开　　本：880mm × 1240mm　1/32
字　　数：130千字
印　　张：8.25
版　　次：2022年6月第1版
印　　次：2022年6月第1次印刷
书　　号：ISBN 978-7-5551-1787-2
定　　价：55.00元

目录

Contents

Chapter 01

第一章　关于“我”

Chapter 02

第二章　关于“生活”

Chapter 04

第四章　关于“工作”

Chapter 05

第五章　我们的力所能及

『疫情后』的生活之道

Preface

序 言

前路迷茫，仍要心怀希望

如今，有许多人因为看不清前路而感到不安，但是人生前路本就不可知。既然这样，为何还会抱有执念？这是因为人一旦找不到方向，就会感到迷茫。

倘若人生已是定局，我们也知晓了今后会发生的种种，那么活着还有什么意义？先不管意义一说，如果能够洞悉未来，岂不是了无生趣？

如果在出发前就能预料到旅途中的所有，那么便失去了旅行的意义。人们在旅行前都会制订计划。当然，也有不管计划说走就走的人，但至少要确定“去哪儿”，否则旅行无从谈起。有时，就算精心准备了计划，仍会发生许多意外。如果旅途中碰上的全是麻烦，那肯定谈不上愉快。然而，真实的旅途不可能有如此多的艰难险阻。

我们无法预料旅途中会发生的事情，也许会有麻烦，但不会全是。想办法解决之后，我们继续前行。正因为如此，旅行才是快乐的。

直面不安，继续生活

谁能预想到新冠肺炎疫情会给生活带来如此大的变化，上一次我有这样的感受是在2011年的3·11日本地震，尤其是在福岛核事故发生之后。

有些人认为疫情已经结束，恢复了以往的日常，但是距离人们真正回归从前的生活或许还要等许久。今后的生活会是怎样，无人知晓。当然，我们衷心希望疫情的阴霾能够尽早散去。我们不能整日感伤叹息于疫情中失去的东西，而应该思考现在能做的事情。因为在一切回归原样之前，我们只能怀抱希望地等待。

就算我们现在很幸运没被感染，以后也有可能“中招”，这事谁也说不准。我们已经克服了人生中的无数困难，但前方等待我们的或许还有其他困境。

人们在旅途中或许会遇上事故或灾害，但不会因为这一点而放弃出行。人生也是如此，我们不应该为不一定会发生的事情而选择放弃本来的目标。

生老病死，谁也逃不出这个循环，从出生开始便是苦旅，直至死亡。因此古希腊人认为人生最大的幸福就是从未出生，既然已经来到这苦难的世界，最大的幸福就变成尽早解脱。

但是，这样的想法是错误的，因为人生的目标绝不是死亡。人固有一死，如何度过这一生才是关键。旅途中可能遇到的麻烦不会成为出发的阻碍，人生苦短也不能成为放弃生活的理由。

无论是旅行还是人生，又或是在汹涌的疫情之下，我们不能天真地认为风平浪静，万事大吉。让人盲目乐观的只是假象，我们必须时刻保持居安思危的意识。

现在绝对不是安全的时候，无法优哉生活，我们应该直面不安，继续生活。

盲目乐观不会带来幸福

不仅是新冠肺炎，还有许多我们无法控制的疾病，即使是十分注意身体的人，也难免会患病。因此，我们不能幻想自己不会被感染，而要知道有被感染的可能性，切实做好预防。

在奥斯威辛集中营，1944 年圣诞节至 1945 年新年这段时间去世的人数非常多，原因既不是苦役，也不是饥饿或传染病。当时许多人满心期待着可以在圣诞节回家，然而圣诞节当天期待落空，无数人在绝望中心力交瘁而死。对他们来说，那份失落可想而知。

在我读研究生的时候，母亲因为脑梗死住院，我因为欠缺相关的知识，所以根本没想过如此年轻的母亲竟会遭此不幸。母亲当时右半身已麻痹，她举起左手笑着对我说："等你生了孩子，我就用这只手来抱他。"可她却没能等到那一天。

病情的恶化超乎所有人的想象，短短一个月内，母亲的状态越来越差，随后并发肺炎，昏迷失去意识，突然撒手人寰。那一刻，我明白了世事无常，也明白了事与愿违。

当然，也有人从小就被溺爱，事事尽如人意，一路顺风顺水。但大多数人小时候都经历过向父母提出愿望时被拒绝，理由常常是要先照顾弟弟妹妹，因此得到"下次再说"的回答，可这些"下次"却从来没有兑现过。

有些愿望第一次没能实现，出现第二次机会时却能够实现。可是，就算我日夜祈祷，精心照料，母亲仍没有给我“第二次”机会。

最大的恐惧来自绝望

人无法预知未来，也无法操纵未来。在母亲的病床前看护的时候，我没能意识到当下有多宝贵。那时的我坚信没有黑夜不会过去，黑暗过后一定是黎明，然而现实并不一定如此。

如今，深陷疫情泥潭的人们不知道自己什么时候会被感染，而每天都戴着的口罩又迟迟无法摘下，人们就在对恢复往昔生活的期盼中度日。有些疾病本来就可能与人类共存很长时间，但这并不意味着人类只能投降。

虽然说乐观主义不会为我们带来免疫屏障，但是我们需要思考在危机四伏的当下该如何生活。

修昔底德曾在书中详细记载袭击古希腊雅典的疫病：“健康之人毫无先兆死于此病，近三分之一邦民被夺走性命。”他在患病后说道：“最大的恐惧来自得知自己患病时的绝望。”

对疾病已经有许多了解的人仍不幸患病，就会感到深深绝望，失去了抵抗的力气。

虽然并不是只要坚持希望，就能不被感染，希望本身不会带来免疫屏障。但如果心中没有希望，在未来深陷困境时的绝望就会把人彻底击溃。

鼠疫暴发时与绝望相处的人们

在英国，16 世纪末至 17 世纪是鼠疫最为猖獗的时期，当时的人们却坚信幸福的人不会染上鼠疫，内心只要感到幸福就能避开病菌。福岛发生核事故的时候，也有人扬言核辐射不足为惧。时间来到新冠肺炎疫情肆虐的今天，仍有人相信只要有强大的内心就能不被感染，凭借意志力就能痊愈。

作家苏珊·桑塔格指出，如今有许多医生喜欢将病例心理学化，“只要把疾病和心理学扯上关系，那么患者就会感到如有神助，过去做不到的事情现在都能做到”。

但是，我认为修昔底德在得知自己将不久于人世时思考的不仅仅是失望与绝望。

面对不治之症，会有多少人能坚强地活下去？没有人能一辈子不生病。吃药，做手术，从鬼门关被拉回来，最终等待人们的还是死亡。如此这般，我们还能抱有希望吗？诸如此类伤脑筋的事情太多。

在母亲的病榻旁，我无力阻止病情的恶化，但我明白了一件事情，那就是我只能专注于与母亲相处的每分每秒。这一点，在日后我本人患病时又有所体悟。虽然我的思想也有过动摇，但是，一旦懂得了活在当下，一切都不同了。在照料母亲时，我思考过人生，人生有许多事情是可以靠努力做到的，也有些事情是束手无策，只能放弃的。

与母亲阴阳两隔，让我明白了这世上的无能为力。带着母亲遗体回老家的路上，我人生的轨道发出巨响，飞驰的列车脱轨了。

回到原来的生活

过往一帆风顺的人不会因为思考未来而感到不安，也不会因为发现人生的局限而感到绝望。但这样的人一旦患了重病，就可能会陷入恐惧，惶惶不可终日。当然，每个病人都相信自己能够痊愈，无论病情多严重，好转的机会多么渺茫，都不会轻易放弃生的希望。

如果自己或家人被“宣判”时日无多，就算是年轻人也会开始认真思考人生。不过也有许多人还没来得及思考，就在对出院后的美好生活的憧憬中闭上了双眼。

大家都明白人终有一死，但总有人认为自己会是死神镰刀下的幸运儿。

面对新冠肺炎疫情，谁都有被感染的风险。有些人却认为自己不会被感染，也有人认为自己已经被感染。那些坚信自己不会被感染的人，到处寻找支持自己观点的信息，瞧不起那些整日提心吊胆的“胆小鬼”。

经历过一场大病的人往往会痛下决心，要洗心革面，换种活法，但有的人等顺利出院后又一切照旧。

谁都有可能成为新冠肺炎感染者

面对生活中可能出现的困境，我们必须学会与其相处。

谁也不知道今后的生活还会发生怎样的变化，我建议大家既要心怀希望，又要避免盲目乐观。比方说，如果认为疫情能在一月份结束，到了一月份发现情况没有好转，那就还需要我们继续坚持下去。

所有人都希望疫情能尽早结束，但是现在的生活并不是没有意义的等待，我们必须面对现实。住院的人如果认为现在的生活只是出院前的机械重复，那每天都是煎熬。

我认为疫情过后，我们不必回到原来的生活。无论疫情走向发生什么变化，它都已经为我们上了一堂关于生活的课，我们都思考了什么是“原来的生活”。疫情结束后，其实不是不必回去，而是经历过后我们都有了改变。

意大利作家保罗·乔尔达诺在书中写道：“我无法忍受痛苦就这样白白过去。”无论是怎样的痛苦，经历过后总有收获，“痛苦白白过去”也不是不能忍受的。

我的确经历过苦难，但是苦难过后，生活本身并没有变得更好，变好的是自己的心态。生活本身不会因为我们经历了种种苦难而变得轻松。

接受人生的局限

生病之后，我明白了两件事。

第一件事：人生的局限性。

哲学家三木清是这样解释的："强求不能强求的，期待不该期待的，苦恼就这样出现了。"

人生无常，终有一死。总有人不接受这个现实，渴求不会出现的东西，这就是他们感到痛苦的原因。现在感到十分幸福的人幻想如果能一直这样下去该多好，但当自己或者家人不幸患病，又或者要面对死亡时，就会感到无尽的绝望。

这就是三木清先生说的"强求不能强求的"。如果坦然接受了处处掣肘，直面了生死离别，虽然人生不会变得轻松，但是却拥有了真正的人生。

与其说未来“还没来”，不如说根本就没有“幻想中的未来”。没有人能随心所欲地控制未来。今天很艰难，于是寄希望于明天就能拨云见日，然而这样想未免不切实际，事物的发展是需要过程的。

三木清还这样说道：“射入黑暗里的光线最美。”并不是相比之下黑暗就不美，如果在不见天日的黑暗中生活，就算没有光，我们仍拥有黑暗，拥有机会。在黑暗中如何生活才是关键。

幸福不是“等来的”，而是“找到的”

今天的幸福不会永远持续，就算诚心祈祷，未来依旧充满未知，可是仍有许多人期待明天永远艳阳高照。

这也就是三木清说的“期待不该期待的”。如果知道不能依靠明天，就不会苦苦等待，而是抓住今天，找到生活中的幸福。

幸福不是等来的，而是找到的，为什么呢？

成功是从今天开始的过程，必须要等到明天，答案才会揭晓。我在母亲病榻旁思考人生时，还没有想到这一点。

幸福和成功不同，不用等到明天。幸福就在今天，就在身边，找到便能拥有。不必执着于将现在的幸福延续到今后，明天也会有明天的幸福。

学会活在当下，为今天而活，就能收获生命的喜悦。

重要的东西并不多

我明白的第二件事：真正重要的东西其实没有那么多。

因为疫情，人们少了见面的机会，多了思考的时间。对自己来说，真正的朋友是谁？与家人的关系是怎样的？

就连曾经认为离不开的工作，也被再次审视。当然，为了生计我们必须工作，但是经此一疫，人们明白工作不等于全部，更不等于幸福。

明天尚属未知，今天若是浑浑噩噩，那便毫无意义，必须想一想自己是否愿意做这份工作。

现在的情况不会一直持续下去，就连明天会发生什么也不得而知。对此，三木清有个形象的比喻：“曾经的闪耀失去光泽，掌中的贝壳原来只是石头。”

今天全世界都陷入疫情泥潭，我们却因此有机会思考人生中重要的东西。有了这份思考，就不算白白经历痛苦。

在疫情肆虐的当下，我们每日做着计算——新增的感染者与死者人数，又或者是危机解除前的日子。乔尔达诺在书中写道：“人们数算日子，其本意或许是——珍惜每一天，把每一天都变得有价值。”

但我认为我们不必去计算那么多。这里有两层意思。

不必计算剩余时间

首先，我们只能活在当下。

其次，如果不去计算时间，当下就能变成“永远”。

伊坂幸太郎在小说中写道：“篮球比赛中，人们把最后一分钟称为‘永远’。”

如果看着时间打比赛，那么当只剩下一点时间的时候，有些人会因为感到无力回天而放弃，有较大优势的一方球员最后也只是来回传球拖延时间，这样的比赛赢了之后会感到爽快吗？

相反，如果不在意时间，全力以赴，就算失败了，观众也会为奋勇拼搏的球员喝彩，比赛的结果也不再难以接受。

想要打一场好球，就不能去计算剩余时间。如果把最后一分钟当作永远，那么在这一分钟，一切皆有可能。

大多数人不会计算球场上的一分钟、两分钟，但会关注人生赛道余下的时间。

据称，柏拉图去世时正在写作。我每次写书时，都会担心能不能完稿，但多余的担忧起不到任何作用。

永远并不是无限拉长的时间，精神分析学家弗洛姆解释道：“爱、喜悦、掌握真理的体验并不是在时间段中发生的，而是此时此地发生的。此刻即永远，也就是无时间性（Zeitlosigkeit）。”

“球场吹哨前的最后一分钟是‘永远’，我们人生剩下的时间，更是比‘永远’还要充足。”

就算之前的失败无法挽回，仍有机会重新开始。停止计算时间，人生才会发生改变。

超越善恶，
接纳他人

生病是意外事件，谁都有可能感染新冠肺炎，但是，却出现了感染者被网暴的事件。面对新冠病毒的超强传染力，日本有些民众因为没有严格遵守防疫要求，于是被感染，大众批评他们的行为，感染者被逼出来道歉。

从古至今，“病”一直以来都是“恶”的隐喻。如今不仅是医务工作者，全社会都在与其开展一场旷日持久的“战斗”。

感染者本身不是敌人

如果我们认为这次疫情是一场战斗，那么得病的人就相当于病毒的手下败将。有人在疫情中失去了至亲至爱，对新冠病毒深恶痛绝。如果憎恨疾病或者对疾病谈虎色变，总有一天，疾病本身与患病的人都会被污名化。如此一来，感染者也会成为被攻击的对象，由于不幸被感染就成为众矢之的。

指责感染者的人们深信自己不会感染病毒，但是没有人能保证这一点。一旦这些人也感染了病毒，他们又会做出什么事情呢?

他们将自己放在安全区，不换位思考，而是以置身事外的身份冷眼地看待其他人的遭遇。就如同在战场上击杀敌人的将士，不会想到自己的家人被别人杀害的场景。

他们也没有办法“共情”——也就是站在别人的立场，理解别人的情绪。如果能做到这一点，也就不会责怪别人了。己所不欲，勿施于人。攻击新冠病毒感染者是一件可笑的事情，有良知的人都能看清这一点。

放下分别心

面对被无辜杀害的人，人们异口同声口诛笔伐罪犯的时候，内心会悄然升起正义感，发誓“我永远也不可能成为杀人犯”。

当然，就算是十恶不赦的坏人，也不会轻易杀人。但如果你的内心被绝望愤怒填满，被逼得走投无路，你会怎么做？还能斩钉截铁地说自己永远不会犯这样的错吗？成为什么样的人是每个人时时都要面对的选择。

佛教的专业术语“分别”指的是将自己与他人区分开，佛教认为“分别”是一切争执的来源。因此，我们应当放下分别心。当然，做到这一点并不容易。

含辛茹苦抚养多年的孩子突然有一天离家出走，做出离经叛道的事情，愤怒的父母抛出狠话：“我们没有你这样的儿子！”身为父母却不接受自己的孩子，他们将孩子与自己做了“分别”。

如果能做到接受原原本本的对方，那就拥有了“净土”。然而世间“净土”实在难得。

对杀人犯的处罚看似简单，事实上死刑的执行是极为慎重的。阿尔弗雷德·阿德勒提出的“共同体感觉”（Mitmenschlichkeit）理论描述了人和人（Menschen）是互相连接（mit）的，并不是互相对立的，人与人组成了“伙伴”（Mitmenschen）。

但是人与人之间的连接不是自动生成的；伙伴也不一定是和自己想法一样的人，也有可能是和自己格格不入的个体，甚至是你眼中非常糟糕的人。如此一来，创造与他们的连接就十分困难，而只有互相连接才能拥有“净土”。

阿德勒认为断绝关系的父母与孩子之间也有着连接。他是在第一次世界大战战场上担任军医时领悟出“共同体”概念的，面对敌人依旧能够一视同仁，这份超然令人惊叹。

“共同体”“净土”与“团结”“羁绊”等语言抽象化的概念不同，前者是后者成立前提的主观决断。谁都可以只和与自己三观一致的人交往，但我们也要做好准备，接受和自己完全不同的存在。

超越非黑即白的是非观，接纳他人，和谐相处，从意识到自己的分别心开始。

见不到面的相处之道

我们要明白，如果自己也身处其中，坦然面对自己的内心，是无法说出“我绝对不会和他一样”这种话的。面对“虎毒食子”的社会事件，我们不能仅仅停留在道德判断层面，单纯地认为无论出于什么原因，父母都绝不可能杀害亲生子女。

当别人做出自己无法接受的事情时，我们要反思这是否与自己有关。孩子是不会突然变坏的，是家长对于“好孩子”的执念与苛求令孩子窒息，孩子才会在无法满足父母期待的时候反抗。

将认识提升到这样的维度是很难的。从现在开始，我们要丢下非黑即白的善恶观，接受理想之外的世界，学会为生命感到喜悦。

疫情改变了人们的相处模式，也带来了思考：最重要的人是谁？哪些又是“塑料友谊”？

在这样的情况下，如果是真正的朋友，就算见不到面也不会变得生疏。生病难受的时候我们感受到的希望和力量都来自他人。

三木清曾说过：“我永远不会失去希望。”因为这份希望来自他人，就算自己感到绝望，仍然有支持自己的家人与朋友。

当我们意识到身边有这样的存在时，也就重新发现了自己的价值。生病住院的时候，朋友和亲人会前来看望，就算不能到场，也会通过发短信、送卡片等形式带来祝福。如果是朋友或者家人生病，我们也会在得知消息后第一时间赶到医院。不管情况如何，只要人还活着，就能感到幸运与快乐。

我们也要学会这样对待自己。就算我们一败涂地，自己的存在对别人来说也是快乐，努力活着本身就是一种贡献。

只要能这么想，就算是漫长的黑夜，就算是没有幻想中的未来，我们仍能寻到生命的幸福，在最苦的时候也能苦中作乐。这就是“疫情后”的生活之道。

Chapter 01

第一章

关于『我』

危机四伏
下的
生存之道

如今，“特殊时期”成了人们的惯用语。在特殊时期，人们克制着想法与行为，就算有欢欣鼓舞的事情也不能广而告之，要保持低调。个人的一举一动逃不出公众的眼睛，不规范的社会行为会立刻被放大百倍。人们要时刻忍耐，谨言慎行，放弃任性、奢靡的生活。

众人拾柴火焰高，单凭个人的努力无法阻止疫情蔓延，需要全社会通力合作，每个人都可以用自己的方式为疫情防控贡献力量。要求步调一致的社会总会出现反对的声音，有些人戴口罩不是为了预防感染，而是害怕不戴口罩会遭受谴责；有些人为了保护自身安全，采取过于激烈的方式，却给他人带来了困扰；还有人把新冠肺炎视作普通感冒，出言讽刺那些做足预防措施的人。

阿德勒说过：“人类所有的烦恼都来自人际关

系。”或许真正可怕的不是病毒而是人。

这些问题不是因为疫情才出现的，而是因为疫情变得更加明显。

人生本就看不清前路

以前，我家住在小河旁边，晚上回家的时候，会遇到浓雾挡住前路的情况。方才还看到的点点灯光很快被迷雾盖住，想要向前迈腿，却发现自己也被一片白茫茫包裹住了。

如今有许多人想要离开绝壁，却因为身处迷雾之中，而朝着绝壁边缘在走。当然，没有人会和北极旅鼠一样，为了群体均衡发展而选择跳崖自杀。所以，或许有的人采取的方式有些偏激，但大家都拼命想要逃生。

人生本就是看不清前路的，如今迷雾笼罩，许多人好像在森林中迷了路。

笛卡儿在《方法谈》中指出，在森林中迷路的时候不能停下脚步，只要往前走，总会走出森林。但是，没人能保证森林有尽头。虽然不知道身处何处，也不知道去向何方，但我们不能停住脚步。

人生就像森林，有些人自信地认为自己不会迷路，能够看清前方，于是大胆设计人生。但其实很多人根本不知道自己在哪儿，要朝着哪儿去。人生本就看不清前路，没有一天会和昨天的猜想重合，大预言家也无法准确预测明年的事情。

因此，无论是过去，还是作为特殊时期的现在，生活并没有发生很大的变化。面对危机四伏的前路，我们要学会转变过往的生活方式。

首先要改变人际关系。前文也提到过，仅仅是出于礼节、礼貌而维持的关系断了也好，想见到的人总有办法见面，就算无法面对面，心依旧紧紧相连。

其次要转变价值观。一直以来，人们重视生产率和经济性，这样的观点在当下很显然已经行不通了。后面会具体聊聊怎么做。

只有自己能够决定一切

当下，找到“自我”至关重要，互联网世界纷繁复杂，你可能觉得不知道能相信什么，还能相信谁。每个人都认为正确的东西，未必是正确的。在我看来，哲学就是为怀疑普遍价值观而存在的。

迷路的时候可以向别人问路，但不能不加思考地全盘接受，因为这个时候很可能根本没有人能够帮到你。方向错了，一直前进也不会走出困局，只会离正确的路越来越远。这个时候，倒不如停下来，认真思考一番再迈出脚步。但是思考后做出的决定仍有可能出错，如果苦苦执着，还是会陷入迷途。因此，在发现判断出错之后，应当立刻停下来。

人生之路也是如此。今后要过什么样的生活，只有自己才能决定，不要在意别人的看法。有些时候，别人的经验之谈未必适合自己，听从别人的安排反而活不出自己的精彩。但一旦听取了别人的意见，就要承担责任，不要日后将自己的优柔寡断、逃避现实“甩锅”给提供建议的人。

那么，为什么自己总是无法做出决定？怎样才能找到“自我”？

世间百态，我就是我

要想自己做决定，就不要和别人比较。虽然说参考别人的意见可以避免独断，但是只要和别人的想法做比较，就永远也无法做到独立决断。当然，自己拿不定主意的另当别论，可以询问别人的看法。

这里说的比较不仅是想法。比方说，听到朋友就业了、结婚了、生孩子了，内心的平静被打破，陷入焦虑不安，这就是在和别人的人生做比较。

人们都喜欢坏结局的爱情故事

结婚可以这样形容，就好像樱花开花有早有晚，如果今年迟迟不开，主人便心急不安，日夜期盼早日开花。但花不会受到丝毫影响，待到气候条件成熟，自然含苞怒放。

樱花开放需要气候条件，结婚需要对象，单凭着一股结婚的意愿，没有愿意和自己结婚的人，也结不了。你可以调节结婚意愿的强弱，却无法控制那个人什么时候出现。

结婚难就难在这点，如果靠求神拜佛，或者做点什么努力就可以早日进入婚姻殿堂，那大家都会争相模仿，但这并不是结婚的外在条件。

有些人嘴巴说着想结婚，给出的却是不能结婚的理由，这些人并不是真的想结婚。阿德勒说过："人们都喜欢坏结局的爱情故事。"这些人得知朋友婚后生活不幸，下定决心自己不要重蹈覆辙，为了坚定这个想法，到处捕风捉影，打听八卦，寻找"坏结局"。

大家喜欢灰姑娘的故事，并不是憧憬浪漫剧情，而是因为它遥不可及，大家知道这不会发生在自己身上。

要想结婚，就必须得有邂逅，但有些人无法邂逅。我听说幼儿园里几乎没有男员工，就算有，也基本上是开车接送孩子的司机，因此女员工们没有结识异性的机会。或许你会说“上下班的路上总会碰到异性吧”，她们只会充耳不闻。我觉得她们不是不能结婚，而是没有那么想结婚。

为什么看到别人幸福会焦虑？

为什么听到朋友结婚生子的喜讯，自己的内心会掀起波澜，难以平静？这是因为你把朋友结婚生子和自己扯上了关系。

我们和这世上的许多事情都相关联，比如战争，在电视上看到国外发生战争的新闻，如果认为这是国外的事情，和自己没有任何关系，那就错了。隔岸观火往往会引火烧身，危险会悄然靠近。战争不是在喧天的号角中爆发的，而是在人们的意料之外悄然出现的。

事不关己，高高挂起，很有可能对自己造成巨大影响。

结婚和战争不同，是个人的生活选择，可以说朋友结婚与否和自己根本没有关系。

如果说有关系，那就是结婚之后，和朋友不能再随时见面了。结婚前情同手足、亲密无间的挚友，婚后会把另一半放在前面，见面的机会自然就会减少，等到孩子出生，就更是难得见面了。

但是，如果是好朋友，两人的关系不会发生本质性的变化。如果朋友结婚后见面次数变少甚至根本不见，可能你们的关系本身也没有那么好。当然，也存在这样的情况，个人生活发生了较大变化之后，就算是重要的朋友，关系多多少少也会受到影响。

也就是说，朋友结婚不会直接导致关系的疏远，就算两人都不结婚，迟早也会因为或大或小的矛盾而疏远。结婚不是原因，只是一个开端。

为何介意周围的眼光？

得知朋友结婚生子后焦虑，是因为在和自己扯上关系之后，带入了孰优孰劣的判断。

和朋友相比，认为没结婚的自己低人一等，苦闷为什么周围的人一个接一个地结婚，自己却没有良缘眷顾。

结了婚就高人一等，这是毫无道理的。当然，有这种想法的人尽管去结婚就好。如果仍然没办法结婚，那就不仅是结识不到新的人那么简单了。

结婚不等于幸福。认为婚后人生就能一帆风顺，一片光明，是被社会灌输的谬论。

婚后，仍会发生意外：公司倒闭，中年失业，婚前品性纯良之人婚后大打出手，等等。

相反，遭父母反对，不被众人祝福的婚姻不一定就是不幸的。父母经常对子女的婚姻指手画脚，但他们却没有办法承担子女人生的责任。如果子女顺从父母，与并非心之所属的人结婚，婚后发生不幸时很有可能会责怪父母。

面对孩子“都怪你们，如果我当初和那个谁结了婚，现在不知有多幸福”的指责，父母又该如何解释？

反对子女婚姻的原因有可能是经济条件、社会地位，如果孩子找的另一半做不到“门当户对”，那就很可能被拒绝。

然而，结婚的外在条件，并不能决定婚姻是否幸福，有些人婚姻不幸的原因恰恰是将父母的意见等外在条件看成是影响婚姻的重要因素。

结婚是两个人的事，不论有什么困难，只要彼此一条心总能解决，这样的婚姻就是幸福的。

成功是“过程”，幸福是“存在”

总的来说，结不结婚、生不生孩子和幸福与否没有关系，如果你选择了不结婚，那么就不要和别人做比较。

我们一直在拿朋友结婚生子举例，为什么有些人明明羡慕，自己却不行动呢？那是因为如果结了婚和他们一样幸福倒还好，如果结了婚自己却不幸福就意味着输给了朋友。

结婚与否和输赢没有关系，但如果你真的害怕输，那就不去比，不结婚就好。不过如果陷入了“结婚等于幸福”的怪圈，那永远都是输家。

结了婚不幸福，并不意味着你输了。这场比赛本身就显得可笑。相反，结婚之后很幸福也并不代表你赢了。

将结婚与输赢捆绑在一起，认为结婚就是赢家的人，其实是把“成功”和“幸福”混淆了，把结婚看作成功或成功的手段。

三木清分析过成功与幸福的区别，前者是“过程”，后者是“存在”，这在序言中已经介绍过了。

要想成功就必须达成一定的目标，但幸福是存在，不需要达成什么目标。它就在今天，就在身边，找到便能拥有。

从无谓的比赛中退场

前文说过，周围的人结婚与否明明和自己没有关系，但是对比结婚生子的朋友，自己的人生显得不幸，这样的想法是错误的。要想结婚就别在意别人的看法痛快结婚；不想结婚就别纠结于婚姻与幸福的错误逻辑，坚持自己的想法。不结婚的人也可以过得很幸福，结婚不是幸福的必要条件。

京都的哲学之道上立着石碑，上面刻有著名哲学家西田几多郎的诗歌："人是人，我是我，我有我要走的路。"

西田几多郎是京都大学的教授，创建了独树一帜的西田哲学体系，今日哲学界无人不知其大名。他年轻的时候因为反对大学的保守伦理准则，选择退学，后因家道中落，不得已转入东京帝国大学选修科。西田几多郎曾说："我觉得我是人生的落伍者。"

和别人做比较，活在假想比赛中的人时时刻刻都担惊受怕，就算赢了比赛，也会担心自己有一天会输，永远不得安宁。西田几多郎的诗歌告诫人们，尽早从这样无谓的比赛中退场，不管遇到什么，都要坚定自己的选择，走自己的路。

人生苦旅，让自己从无谓的比赛中解脱出来，那份竞争的痛苦才会变成自由的畅快。

“我”把偶然当成了命运

俄狄浦斯请求太阳神阿波罗神谕，得知自己难逃“弑父娶母”的诅咒，父亲当年也是为了逃避此命运，将他丢弃在了野外。后来，俄狄浦斯成了底比斯国王，可是在他的统治下，底比斯不断遭受灾祸与瘟疫之苦。神示必须除去杀死老国王的罪人才能破解诅咒，他便开始找寻凶手。但是，当他回顾自己的经历后，才发现自己已经应验了弑父娶母的不幸预言，自己就是那个凶手。他在绝望中刺瞎自己的双眼，带着残缺的身体离开了底比斯，流浪四方。

俄狄浦斯想要摆脱命运的安排，却亲自应验了一切。

读索福克勒斯的《俄狄浦斯王》，俄狄浦斯明明知道自己的宿命，却没意识到命运的种种安排，这份无助令人窒息。

我们难道和俄狄浦斯王一样，也难逃命运的摆布吗？

"命中注定"是真的吗？

我有一个热衷橄榄球的好朋友，他曾经告诉我这个故事。每当有他特别想看的比赛时，那天总是会碰上加班，没办法看直播，他只好把比赛录下来，之后重放。家里人也很配合他，不会提前透露比赛的结果。但可想而知，无论他是振臂高呼，还是冷静观赛，比赛的结果都不会发生变化。但他本人却不知道结果，于是每每观看回放仍然手心冒汗，激动不已。

人生是否也是这样，剧本已经写好，而作为主角的我们却毫不知情？不是这样的。人生不是提前录制好的比赛录像。

如果人生已成定局，再怎么努力也都是徒劳，那活着还有什么意义？但是，有人想要这样的生活。

因为对于他们来说，未来既然没有变数，那就没有选择的余地，不用承担选择的责任。

比如，亲人在灾害中不幸失踪，那么家人就会没日没夜地担心他的安危，祈祷他平安无事。如果现在一切都是命运，那么祈祷就没有任何意义了。没人知道每日祈祷究竟有没有用，能否让失踪的亲人回家，但祈祷的人会相信希望。

是偶然还是命运？

《涅槃经》有“盲龟遇浮孔”的记载。海中有只盲龟，每百年才从水里探出一次头，而海面上有一块带孔的浮木，随海浪四处漂流，盲龟伸出头的时候，正好伸进浮木孔里。这描述了极其罕见的“偶然”。

在深海居住的盲龟百年露一次头，海面上漂着一块带孔的浮木，这两件事都可称为“偶然”。

盲龟遇浮孔，这不是“必然”，而是两个偶然的叠加。

但是，盲龟应该不会把这件事情看成命运。如果未来的事已是必然，那么无论碰到谁，遇到什么，都不会有命运般的感觉。

哲学家九鬼周造这样解释：“当偶然对人的生存具有重大意义

时，会被称为命运。”

也就是说，当遇到的事或人能够震撼整个人生时，那一刻就是命运。

比如，遇到严重事故或灾害，如果这次经历对今后的人生造成了重大影响，那么这场事故或灾害就是命运。

与人相处也是这般。“如果我那天没有遇到他，那我的人生究竟会怎么样啊”，有很多人都有过这样的感叹，也有很多人和自己的“真命天子”结了婚。

在街上擦肩而过的相遇不是必然，你们有可能会在那一天那个地方相遇，也有可能不会，这也证明了相遇是偶然。偶然的相遇如果要升级为命运般的相遇，就必须带上命运的感觉：我和他的相遇绝不是偶然，上天安排我们一定会相见。

但是，这样的想法有时候是个人的一厢情愿。拥有幸福爱情的人相信自己已经找到了命中注定的人，还在等待的人相信真爱总会到来。

还有人为此占卜，不知道会不会有人得到自己永远等不到真爱的残酷结果。或许有人因为占卜结果而重拾希望，又或许有人感到绝望。

话说回来，那些称自己已经找到真爱的，也仅仅是在感情顺利，处于幸福极点的时候才那么说。

下面分享一则阿德勒书中的故事。

不要拿命运当作借口

有一个要去维也纳剧院的人，先去了其他地方办事，之后赶到剧院，才发现剧院已被烧成废墟，很多人葬身其中，自己却躲过一劫。有类似经历的人会认为，自己之所以活下来，是因为还要完成命运安排给自己的宏伟目标。

问题就在于，如果他们最终没有实现宏伟目标，仍旧平庸地过完一生呢？等到那时，他们或许会感到被掏空一切，一蹶不振，郁郁寡欢。

从这个例子可以看出，我们不是遇到了命运，而是我们选择去相信碰到的人或事是命运。

反过来看，有些人过去没能珍惜亲友，一直逃避责任，搞得如今生活一塌糊涂、暗淡无光。但他们却将这一切归咎于别人不好、自己的命不好等。

确实，很多时候人们拼尽全力也不一定会取得想要的结果，这种时候人们会认为自己败给了强大的命运。在命运面前人类真是这样脆弱无力吗？

有一天，出租车司机和我闲聊：

“我每天都在接送客人，客人上车后，将他们安全送到目的地。但这段时间并不是我的‘工作时间’，我的工作时间是在上一位客人下车后，下一位客人上车前，这段时间绝不可以自由散漫、掉以轻心，我必须仔细留心周围的路人，发现可能的客人。有些司机会抱怨‘今天运气不好，客人很少’，我认为有这样的想法是干不好这份工作的。”

认为接不到客人是因为运气不好的人，不会去思考增加客人的方法，不会努力改善工作的情况，结果就是工作不会有任何起色，甚至因为他的坐以待毙，生活变得更糟糕。

努力之后没有回报确实令人遗憾，但是新冠肺炎疫情冲击旅游业，海外游客锐减，这又是谁能想到的呢？这就是不可抗力。但是，面对业绩滑坡，从业人员如果袖手旁观，早早地放弃努力，接受这种所谓的命运，那么情况只会进一步恶化。

活在今天，为生命喜悦

正如人无法决定自己什么时候来到世上一样，何时离去也不受人的控制。地震、海啸等自然灾害也在人们的预料之外。

但是，面对事故、灾害，还有蔓延全球的新冠肺炎疫情，我们可以决定自己做的事情。我们不能在一开始就放弃，也不能在有希望的时候坐以待毙，而要立刻行动，做力所能及的事，其中就包括看清能力的局限性。

首先，分清楚能做的事情和不能做的事情，分清楚应该做的事情和不应该做的事情。不掺杂个人主观判断，理性分析现状，因为有些相关的网络消息真假难辨，为求得安心，有些人会毫不犹豫地选择相信。

其次，不管处在怎样的境地，我们都应该为生命喜悦，真正做到活在今天。

如此一来，哪怕今后的一切都已注定（虽然我不这么认为），哪怕真的有命运，我们也不会被命运玩弄于股掌之间。因为只有“我”能掌控人生。

我们只有“自己”

这世界不存在你理想中的“真正的自己”，只有现在的“自己”。

这么说或许有点过于直接，但我们必须接受不完美的“自己”。

其他的东西，如果不喜欢可以轻易换掉，比如电脑、手机，出现了性能更高的版本，买个新的即可。但是如果不喜欢“自己”，却没有办法换掉。不管有多少毛病，都要一直和这样的“自己”相处下去。

模仿也学不会本质

为什么有人会否定自己呢?

有两个原因。一是和他人比较之后，觉得自己比不上别人。

就算没有这样的想法，总会有崇拜的人，想要成为他，于是模仿那个人的一言一行。就算你能变得和他一样，那个时候失去了自我，还有什么意义?

练习写作的时候，人们经常会模仿优秀作家。我在读书的时候，十分欣赏哲学家和辻哲郎的文章，于是在稿纸上模仿过他的《风土》。可是就算能够模仿出一样的作品，这个作品也不是自己的。

绘画和音乐创作也是一样的道理，看到别人画（唱）得好就想要画（唱）出别人的感觉，即使模仿得再像也不会是自己的。学画或学音乐确实要从模仿开始，但是掌握了基本技巧之后就要开始独立创作。

模仿得到“形”，但却模仿不了作家、哲学家作品中的“魂”，尤其是源自作者对生活的深刻思考。

九鬼周造曾写道："我的所有思索，都是建立在强烈的个人体验之上的。"

就算能够复制"强烈的个人体验"，也无法达到哲学家、作家的思想高度，仅仅是照抄得到的内容没有任何意义。面对一样的经历，每个人的感受是不同的。重要的不是经历，而是从中得到的东西。

想要被表扬是种"坏习惯"

小时候学校组织校外写生，当我十分满意地放下画笔，准备炫耀自己的作品时，扭头看到旁边同学的画作，顿时感觉自己的画索然无味。我生气地把画纸撕破，开始模仿同学的画。一样的景色，在每个人眼里是不同的风景，画什么、怎么画就是原创的核心。就算照着别人的作品画，也画不出同样的效果，得到的作品也不属于自己。

否定自己的第二个原因是，明知其他人对自己有所期待，自己却没有办法成为别人期待的样子。这个“其他人”并不是指特定的人，而是社会上既定的价值观。

我读小学的时候，祖母去世了，有很多亲戚前来参加葬礼。我当着他们的面展示画技，不少人表示惊喜，说我大有天赋，我心里十分得意。

不久之后，祖父也去世了，我期待亲戚们会又一次拜服于我的“大作”，然而根本没有人关心我的画。与其说那时的我喜欢画画，不如说我喜欢因为画画被别人表扬。

实际上，别人根本没有那么关注你。你所认为的无法满足他人的期待，其实是没有满足自己的期待。

你不需要活成别人眼中的样子，不需要接受约定俗成的价值观。周围的人总会期待你做到“特别”，比如考上特别好的大学、找到特别好的工作、过上特别成功的生活等。

从小就以此为目标的人，会拼命学习，拿到好成绩，向父母交上满意的答卷。但被问到学习的动力时，他们往往哑口无言，因为他们并不是因为学习有趣而刻苦学习的。考了高分，考上了大家心中的好学校，周围的大人很满意，因此自己很高兴。

然而，取悦别人是件无聊且令人疲惫的事情，满足他人的期待就意味着接受他人的评价。一旦后续失利了，之前的万众瞩目就会黯然失色。

容忍犯错的自己

我在学校任教时，学生中不乏十分害怕出错的人。这些孩子从小被严格要求，如果在考试时出错，就会被家长、老师指责怎么这么简单的题目都会出错，于是他们变得无法容忍会失误的自己。

当时有个学生一直以来都是成绩优异，自信满满，深受老师们的夸赞，在我的课上他第一次发现原来自己也会有不懂的地方，仅仅是那一次出错就狠狠打击了他的自尊心。身为教师的我绝对不会因为学生犯错，给学生扣上“差生”的帽子。但那个孩子却在课后和我约定，不要因为他的这次出错而认为他是差生，可见他内心对犯错的恐惧。

谁都不会一直拿高分，那些学习成绩一直拔尖的学生，一旦发现自己做不到这一点，就会崩溃，成绩直线下滑。曾经表现积极的学生会突然不去上学，把自己锁在房里，更有甚者患上心理疾病。因为不上学就可以逃避自己学习成绩不佳的现实，可以活在自己的想象中，觉得以后总有机会东山再起。

错误行为往往就出现在这个时候。

别人没有那么关注你

无论出于哪种原因，我们都无法接受真实的自己。究其根本，我们认为这样的自己没有价值，只有变得特别优秀，满足了他人期望的自己才有价值，既然达不到那个目标，不如破罐破摔，变得特别差也可以得到别人的关注。

无论是不断配合别人的要求，还是变得特别优秀从而满足他人的期待，都是一样的性质。其实每个人都是在过自己的人生。那些通过变得特别好或者特别差，以期获得别人关注的人不明白，别人根本没有那么关注自己。

孩子就算能一时让父母满意，也做不到一世都让父母满意。进了重点学校之后，由于同学更优秀，自己跟不上进度，父母又会失望。如果父母真的关心孩子，那么就算孩子考试失利也能接受。因为孩子失败就感到失望的父母，并不是关心孩子，只是关心自己。

退一万步讲，假设满足了父母以及周围所有人的期待，取得了世人眼中的成功，这样的生活也不会一帆风顺，因为不管你有多努力，都无法躲避灾害的降临。

前文我提到“不存在你理想中的‘真正的自己’”，即使是否定现在的自己，努力成为别人眼中的自己的人，也没有成为真正的自己。他们从来没有思考过要成为怎样的自己，因为只需按照别人提供的模板照做即可。

如果不能成为真正的自己，迎合别人就没有任何意义，大可不必成为那个“特别”。

不要活在别人的期待之下

我就是我，不会为了迎合别人而改变，不理会别人的期待，这样才能成为真正的自己。

真正的自己是做自己认为正确的事，不会因为有人不认同就轻易做出让步，只有这个自己才能称为“自己”。

真正的自己不是现在什么都不行、什么都不满意的你，而是那个最初怀着梦想与希望的你。

前文说到亲子关系，大多数父母在孩子小的时候，只期盼孩子能健康成长就好。如果一直抱着这样的想法，那么就算现在看到孩子不去上学、考试失利，也能毫无保留地接纳孩子。

但有些家长有了更多的要求，希望孩子能成为人中龙凤。比如，早点学会讲话，会背更多诗词，会写更多汉字，等等。

从孩子的角度来看，如果满足不了父母的要求，就会出现错误行为。孩子误入歧途的时候，父母就会狠心抛下“我没有你这样的孩子”之类的话，让孩子越走越远。

但是，有些孩子会超出父母的想象，活出自己的人生。我当初告诉家里人要去学哲学的时候，遭到了他们的反对，因为他们根本不理解我所说的，毕竟在那个年代，有很多人中学毕业就去工作赚钱了。

孩子做出的决定超出了父母的理解范围，父母对此表示反对，这点无可厚非。但是孩子不必为了父母而活。

我们不是为别人而活，不要把别人的期待强加于自己身上，就算父母对我们提出了“特别”的要求，我们也没有必要满足他们。

父母应当告诉孩子，不必活成他们心中的模样。这一点对于多数父母来说是困难的，但是如果他们回想一下自己和父母的关系，以及在那段关系中迷失的“自己”，就可以理解了。

第二
战场上的
人们

阿德勒曾提出过“价值消减倾向”的说法，就是通过攻击、贬低他人，从而相对性地提升自己的价值，获得优越感，典型例子就是上司肆意侮辱下属的职场暴力。

用阿德勒的话来说，职场暴力是在本不是工作场合的“第二战场”上，因为与工作没有直接关系的问题，遭受上司的无理指责。被上司指责工作上的失败，作为下属只能默默承受，然而翻出陈年旧账，辱骂对方是废物等粗鲁话语就构成了职场暴力。

面对下属的失败，责怪起不到作用，悉心指导才能解决问题。下属老是犯同样的错误，提升不了业绩，这可能是上司指导不力的责任。上司不仅要有出色的业务能力，还要擅长指导、培养年轻的人才。因此，下属的失败也是上司的失败。

上司斥责下属，本质原因是不愿面对自己作为指导者的无能，就像老师对学生的家长说："你家孩子跟不上我的课，去外面补补课吧。"如果老师教学能力很强，自然能够照顾到每一个学生的情况。当然，基本没有老师会说出这样的话，如果有，那也是在逃避自己的无能。

职场暴力因何而起？

为什么上司会对下属横加指责，完全不顾情面呢？因为上司害怕自己的弱点被下属看穿。通过贬低他人获得优越感的人其实是自卑的，因为优越感和自卑感是相对立的，想要什么就说明缺乏什么。真正优秀的人不需要炫耀自己的能力；无能者为了隐藏弱点，才会因为芝麻大的小事对他人破口大骂。

年轻人在职场，如果是应该承担的责任要勇于承担，面对失败要敢于承认错误，但如果遭遇上司的职场暴力，只需当他是自卑就行了，因为他对每个人都是这样的。一个人总有力所不能及的事情，不要因为遭受一两次打击就怀疑自己的能力。

上司之所以为上司，肯定是因为其有过人之处，但必须先学会看清自己、接受自己。吹嘘自己的能力，是虚荣心在作祟。要想获得下属的信任，必须要刻苦钻研，久久为功，阿德勒称这个过程为“追求优越感”。

然而，不肯下功夫，想走近路的人会通过贬低他人提升自己，这就是职场暴力。

所有的责骂都是职场暴力

职场暴力之所以能被长久默许，是因为传统教育观念中批评占有重要地位。曾经有人问过，被骂到什么程度才算职场暴力，我认为所有形式的责骂都是职场暴力。当下属失败时，上司当然不能置之不理，但是一旦出口伤人，矛头指向的就不再是工作，而是人格。

不骂人，也同样能够消减他人价值。我每次演讲都会设置互动答疑环节，有一次，有位观众指出我声音太小，他听不到。这一点或许是真的，但是让我真正在意的是，这位观众没有关注我的演讲内容本身，提出了一个我无法展示才能的问题，小小一个问题就贬低了我的演讲，也贬低了我的价值。

还有一个例子，对于出版的翻译作品，有的出版社会因为译者没有博士学位，或者没在知名期刊上发表过论文等而消减译者的价值。

出版社没有从实际出发讨论翻译的质量，而是从译者的身份推断翻译的质量，也就是说，无论译者能力有多强，如果没有上述的“光环”，出版社看都不会看一眼。如今机器翻译被广泛使用，我好奇出版社是否会因为机器没有博士学位而质疑它的翻译能力。

价值消减倾向就是贬低别人的价值和重要性。如果仅仅关注下属的工作成果，那么不会通过责备的方式，而是沟通了解失败的原因，得到一个合理的解决方案。

工作当然得看重结果，这是升迁、涨薪的评判标准。我们应该为了得到好的结果而努力，但必须要将工作的结果和人的价值区分开来。

为什么会有“喷子”？

凌辱和歧视也有价值消减倾向，同样是踩低别人，抬高自己。因为目的都是提升自我的价值，所以凌辱、歧视的对象是谁并不重要，但却给被凌辱、歧视的一方造成了大问题。

对于施暴者，不管是谁，只要能和自己进行比较的，都可以成为施暴的对象。目标的随意性对应着如今被人们鄙视的网络匿名语言暴力者（“喷子”），然而凌辱和歧视本身不会带来自我价值的提升。

今天，人们发现了日益严重的社会问题：仇恨言论（hate speech）、仇恨性犯罪（hate crime）。关于“仇恨”（hate），阿德勒是这么描述的：“仇恨的情感可以攻击许多东西，个人、国民、阶级、性别、人种有时都不能幸免。”

个人间的仇恨需要确定的对象，比如，罪犯是对其加害的人怀有仇恨。然而，攻击的方向如果朝向某个人种，那么仇恨的对象就不再是明确的个体，就比如纳粹主导的犹太人大屠杀，再比如有些罪犯的无差别杀人行为。

在战场上，仇恨的对象也不是明确的。当年日本政府大打“鬼畜美英”的口号，强行向日本人民灌输美军、英军的邪恶形象，就是因为他们知道仇恨全体美国人、英国人是不可能的，但是战争需要激起民族的仇恨。

在日本网络上发布仇恨言论的“喷子”也不可能恨所有的外国人，日本人在外国不会被无故攻击，来日本旅游的外国人也不会恨所有日本人。

口口声声说恨某国的人，在现实生活中很可能不认识那个国家的任何人，仅仅是受到某国人抽象化错误印象的影响。

当然，也有讨厌自己国家的人，但这样的人一定有特定的仇恨目标，不可能仇恨本国的所有人。一般来说，对一个特定人的仇恨不会波及他所在国家的所有人。

更成问题的是，存在歧视行为的人不认为自己是在歧视。这是教育的失败，他们从小没有树立正确的道德观。如果要改正歧视心态和价值消减倾向，就必须认可自己的价值。那么为什么有些人不认可自己的价值呢？

我看起来幸福吗？

从小到大，我们做了某件事后总能收到外界的评价，或是被表扬或是被批评。长此以往，我们失去了对个人价值的理性判断，只能通过他人的评价判断自己的价值。

从小被批评的人只会关注做了什么事不会被骂，他们只做对的事，是懂事的好孩子，却养成了谨小慎微、畏首畏尾的习惯，无法打开人生的格局。

当然，我不是说批评孩子这件事情是错的，因为有些时候就算会失败，仍有尝试的意义。

这样的孩子长大之后，为了不被责备，就会严格遵守上司的命令，不敢越雷池半步。或许这样的下属才是某些上司所器重的吧。

孩子不是“夸大”的

从小活在鼓励和表扬里的孩子如果发现自己做的事情没有得到肯定，就会否定自己的价值：得不到肯定，就代表自己做的事或者自己没有价值。

被鼓励或许代表被肯定，但这份肯定仅仅来自特定的人，其他人不一定会同样肯定。一旦发现有人不认可，又会陷入对一切的否定之中。

看重别人评价的人，总有一天会为了评价而活。考试时猜测出题者的意图是必要的考试技巧，但如果在人际交往中也时时揣测别人对自己的评价，就会变得缩手缩脚、处处掣肘，想做的、要做的事情都做不了。

阿德勒说：“当讨好别人成为特长时，神经就会保持紧绷，行动的自由也会明显受限。”为了得到别人的认可，所有的事情都会再三考虑、犹豫不决，长此以往，自己想做什么、应该做什么，就都没有想法了。

在职场上，面对上司的不正当要求，这样的人会在不想做和不得不做之间摇摆不定，饱受良心的煎熬。

当然，这份时时的克制是自己施加的，别人看不到你为之付出的努力。

决定幸福的不是别人而是自己

幸福的关键在于自己感到幸福，而不是别人觉得你幸福。

不论你的婚姻在别人眼里有多美满，收到了多少人的祝福，如果你觉得不幸福那就是不幸福。

不是所有的婚姻都要得到祝福。有的人和喜欢的人结婚，就算家里百般阻挠，朋友劝要三思，也不会动摇自己的想法；也有的人信念不够坚定，纠结父母反对的人是不是正确的人，不被祝福的婚姻会不会幸福，摇摆不定间错失了良缘。

犹太人有一句谚语：“如果自己不能掌控人生，谁能代劳呢？”

因为父母反对就放弃了结婚的信念，这样的人无法掌控自己的人生。或许也有人会后悔，当初应该听父母的话，但是既然选择做自己，就要坚持到底，生活的不幸也要自己承担。

结婚的时候，就连本人也不知道婚后会怎样。父母是不能替子女负责的，如果被子女责怪“当初就是听了你们的话，现在才那么不幸”，父母该如何回答？

婚姻是自己选择的，要负起责任。如果听从了父母的意见，接受了安排，这也是自己的选择——选择了不去自我选择，就不能推卸这份责任。父母之命，媒妁之言，就算婚后生活不幸福，也不能因此责怪父母。

被认可欲的陷阱

不想被父母讨厌，想要被父母认可，没有人生主导权的人认为自己十分不幸，他们有着一种扭曲的被认可欲。父母不会以“我只是给你做参考，做选择的人是你”来推卸责任，因为他们看到孩子痛苦自己也会痛苦。然而内心扭曲的孩子只有看到父母痛苦，才能确定自己在父母心中的位置。

想必这样的孩子没办法做到独立。面对父母的许多要求，我们不要用难听的话语伤害他们，不管他们说什么，只有自己肩负起责任，掌控自己的人生才叫独立。

教育的目标就是实现独立。那些习惯孩子依赖自己的父母，在孩子逐渐独立，不再需要他们的时候会产生巨大的失落感，而这份情绪只能自己消化。

谁都希望获得幸福，那就要做好和他人发生摩擦的心理准备，父母也是如此。实际上，父母是和我们发生摩擦最多的人。

幸福需要勇气。其中一层意思是，收获幸福后，就会想要得到别人的关注，如果得不到关注，就需要勇气面对这种失落感。

实际上，大家都在关注不幸之人，面对弱势群体，人们无法做到熟视无睹。

阿德勒在《怪力男》中记录了这个故事：马戏团舞台上，怪力男青筋暴起，用尽全力举起常人难以想象的沉重杠铃，获得了满堂喝彩。这时一个小孩上台，居然单手轻松举起了刚才的杠铃，当场拆穿了他的骗局。

很轻的杠铃经过一番夸张表演后变得似有千斤，生活中有许多人和怪力男一样善于伪装，夸大自己的压力，装出整个人生都在背负着沉重负担举步维艰的模样。

为求关注，假装不幸

当面对困难时，有些人表现出的难受、痛苦是真实的，阿德勒认为这些反应是正常的。比如，不想去上学的孩子说自己头疼、难受，这不一定是谎话，或许不是在装病。然而有趣的是，当家长向学校请假之后，孩子的症状就以肉眼可见的速度好转了。

阿德勒说孩子既然出现了症状，家长就不要再加重症状，因为没有症状才是最好的，只要说一句“那今天就不用去上学了”就好。

当然，大多数家长在面对孩子不去上学的请求时，不会痛快答应。但换个角度思考，如果家长完全没有意见，去不去上学都随便，孩子这样做完全得不到父母的关注，今后也就不会使用这样的借口了。

如果不去学校，就必须承担不去学校造成的损失，明白了这一点的孩子不需要父母的意见，自己就能决定要不要去上学。长大成人之后面对人生抉择时，他们也不会看父母的脸色，生活不如意时也不会将责任推卸到父母身上。

不幸的人能获得他人的关注，幸福的人却没有被关注。于是有人用自己的不幸博取他人的关注，这是一种扭曲的被认可欲。

话说回来，人最重要的是认可自己的价值，自己的人生自己过，不需要迎合他人的期待。就算众人艳羡，如果当事人不幸福，一切都没有意义。

生活里的
评论者

人无远虑，必有近忧，为了避免失败，我们经常要顾虑许多事情。但当别人失败，或者违法犯罪的时候，如果对我们本身没有造成影响，基本上是和我们没有关系的。比如，演员、明星偷税、漏税的案件，虽然偷税、漏税是违法行为，但看起来与我们普通人的关系并不大。

当看到平民百姓被残忍杀害的报道时，即使不认识死者，人们也会忍不住为当事人生命的突然结束感到惋惜，会为死者家属痛失亲人感到难过。

国家政策和我们息息相关。现在有许多人十分热衷于娱乐圈的丑闻八卦，却对国家政策的变化漠不关心，殊不知这是本末倒置。政治政策的变化会立刻影响人们的生活，但人们为何选择隔岸观火，视而不见？会不会是因为当发生重大的政策变化时，有些人认为这些离自己很遥远，反而是娱乐圈的新闻更适合成为茶余饭后的谈资，因此眼球就被吸引走了。

共同体感觉

问题出现的时候，每个人的态度是不一样的，其中有漠不关心的人，阿德勒用了一个例子来描述他们。

“有个年轻男子和朋友一同出海，朋友不小心失足从码头跌落海中，这个年轻男子探出身去，仿佛是在欣赏什么稀奇的东西一样，盯着朋友逐渐沉入水中。虽然常人无法理解，但我相信他的行为只是出于好奇心。

“我得知这个年轻人从没害过谁，和周围人都相处得很融洽。这件事情让我确信他缺少共同体感觉。”

阿德勒在此处用到的“缺少共同体感觉”指的是，对别人没有同理心，就算是朋友身上发生的事情也认为和自己无关。

并不是说他看到朋友溺水，不管自己是不是会游泳都应该立刻跳水救人，而是他对于落水之人所感受到的恐怖没有任何的关心，什么也不做，只是在旁边观看，这就说明他没有和他人建立起连接（即阿德勒所说的“共同体感觉”）。如果与他人有所关联，看到别人受困自己也会感同身受。

比如，看到马戏团演员表演走钢索时不小心脚滑踏空掉下，自己也会有掉下的感觉，而不是和那个年轻人一样“仿佛是在欣赏什么稀奇的东西”。

大多数人都会关心他人，然而不一定每个人都会做出行动，阿德勒又举了一个例子。

“有位老妇人上电车的时候，脚下一滑摔倒在雪地中，一时站不起来。来来往往的人绕过她登上电车，没有一个人伸出援手。突然，有个路人走过去扶她站了起来，就在这一刻，不知从哪里涌出了许多前来关心的人。她对这位帮助她的好心人说道：‘我总算等到了好心人，五分钟了，我一直在看谁会来帮我，你是第一个。’

“对方回答道：‘其他人都充当了评论者，评价除自己以外的人的行为好坏，然而自己却一个手指头也不愿动。’”

批评掩盖了真正的情感

为防止新冠肺炎疫情蔓延，日本政府要求国民尽量减少外出活动，于是就有正义感爆棚的人，时时盯着他人不遵守防疫要求的行为，不管前因后果就要挑起争斗。

关心他人总是对的，但是至于疫情防控的特殊情况，戴口罩、自我隔离这些事情需要每个人的共同努力，在要求他人之前，要先从自己做起。

日本社会一度出现这样的现象：有些人到处观察其他人是否遵守防疫要求，在商店门口张贴抗议营业的“公告”，在公共场所大声指责没有戴口罩的人。为什么他们要这么做呢？

确实有人在密闭空间故意摘下口罩，但也有装着口罩一时忘记戴，或者忘记把口罩带出门的人。这种时候，为了保护自身的安全，有些人就会表示不满，对“过错方”大加指责。虽然他们的意图（减少感染风险）是好的，但很有可能因方式不妥好心办坏事，造成更大的伤害。

阿德勒认为，除了明显展示以外，对他人的批评中也可以隐藏仇恨。

“仇恨的情感并不总是直截了当的，有时候会戴上面纱，以更复杂的形式呈现出来。”

网络上有许多人会攻击和自己观点不一致的人，这就是佛教术语“分别”，将自己当作正义道德的一方，将他人当作罪恶卑劣的一方。将自己与他人区分开来是所有争执的开端，这点在序言中已有过介绍。

居高临下的关系

有些人不会换位思考，不考虑如果自己处在对方的立场是否也会采取一样的行动，他们只会随意为别人定性，批判那些和自己观点不一致的人。

团结一致共同努力是抗击疫情的关键，需要全社会的配合，但不代表除此之外的事情也能要求所有人保持一致。

就像检查队列是否步调整齐一样，如果要求社会上每个人的想法一致、行动一致，一旦出现了不同，人们不仅不会换位思考，体谅对方，还会站在道德制高点盲目指责。

社会对于犯罪始终是零容忍的，但犯罪的产生，社会也有责任。如果不加反思，只是一味施以重罚，违规与犯罪等事情还会继续发生。

对于教育者而言，如果学生的成绩提不上来，不应该一味责怪学生，因为这也是自己教育的失败，说明教育方法出现了问题。

这个道理不仅适用于学校教学。我高中母校的一位毕业生犯下滔天大罪，产生恶劣社会影响，被判处死刑。他个人究竟负多少责任，法律已经给出界定，但他还受到其他人的影响，那些人或许可以逃脱法律的惩处，却免除不了道义的谴责。

他的老师们认为他会走上犯罪道路，不光有他自身的原因，老师自己也有着不可推卸的责任，这是教育的失败。

有些孩子长大后误入歧途，成了罪犯，这种情况下，比起老师，家长的责任更大。因为家长不可能以“孩子是别人家的，做的事情和自己没关系”为借口推卸教育孩子的责任。

但是，关于孩子成年之后犯下的罪行，父母应承担的责任却难以从法理上进行判定，要从其他的角度来看。

弥合社会分裂

日本当今社会的两大问题分别是居高临下的关系与日益加剧的社会分裂。地震、洪水等自然灾害发生时，人们不能互相体谅，自发地团结在一起，面对“团结一致，共克时艰”的口号，人们就会无动于衷，各自为政。

日本在新冠肺炎疫情暴发后，依然有年轻人到处游玩散播病毒，老年人是易感群体，年轻医护人员在救治他人时因感染而牺牲，民众生活自由被剥夺，各年龄段之间的对立情绪日渐加剧。

相互怨怼的国民情绪不仅不利于共同抗疫，还会掩盖日本真正的社会问题。

那么究竟该如何弥合社会分裂，建立起人与人的联系呢？

Chapter 02

第二章

关于『生活』

生存价值
就在
此时此处

神经内科专家神谷美惠子说过，“生きがい”（生存价值）是日语特有的表达。

神谷美惠子表示，虽然“生きがい”和法语的“raison d' ê tre”（存在理由）没有很大区别，但是前者更为具体和生活化。综合来看，法语“raison de vivre, raison d'existence”（生存理由）的表达更为合适。

可以对应的现代词语为“活得有意义”“生活的意义”“生活的价值”等。问题并不在于怎样翻译最贴切，而在于什么样的生活有价值，什么样的生活没价值，即生存价值的成立条件。

生存价值的两层含义

神谷美惠子用病人的故事举例说明。

“有些病人期待着将来某一时刻的痊愈，当下全力忍耐着病痛，因为现在的每一天都是通向未来的必经之路，他们满怀希望，于是生活有了意义。”

神谷美惠子认为，“生存价值”这个词语有两种使用情景：第一种是“这个孩子是我活着的意义”，指代生存价值的来源或者对象；第二种是“活得有意义”的心理状态。第二种才是神谷美惠子所论述的生活意义、生存价值。

神谷美惠子又将生存价值与幸福感进行了对比。生存价值是幸福感的一种，并且是最大的幸福感，对比后可以发现，两者存在明显的语感差别。

“生存价值比起一般的幸福感，又多了一种期待未来的心理状态。比如，就算现在的生活暗无天日，只要对将来抱有希望或者目标，那么现在的一切都是通往将来的路程，现在的生活就有了意义。”

神谷美惠子还指出，现在的幸福和未来的希望相比较，最具有生存价值的毋庸置疑是未来的希望。

正如神谷美惠子所说的“对将来抱有希望或者目标”，黯淡的生活也能迸发出价值与意义的光彩，但是如果这份希望消失，目标破灭，生存的价值也会化为虚影。

神谷美惠子以当时患不治之症（麻风病）的病人为例，他们如果得知自己无药可救，还能够对未来抱有希望吗？毕竟就算不是绝症，许多久病在床的人都做不到这一点。

“坚定信仰末日论的人们，对未来的确信会带来令人震惊的力量，他们能忍受所有的痛苦。”他们相信自己死了以后会得到救助，复活、转生，以别的形式永远存续下去，所以活着的时候无论面对多大的痛苦都能忍耐。但不是谁都拥有如此强大的信念，一旦失去对未来的希望，自然无法忍受眼前的苦难。缺少“令人震惊的力量”的人该怎么办呢？

失去对未来的希望后陷入绝望，一蹶不振的不只是病人。

对未来能否抱有希望？

心理学家维克多·弗兰克尔在最绝望的时刻也没有放弃希望，即使身处奥斯威辛集中营，仍坚持写作，破旧的纸片上写满密密麻麻的小字。

弗兰克尔那时还想象过出狱后演讲的场景：

“我突然间站到了华丽的巨型舞台之上，绚丽的灯光照得身上暖洋洋，面前是一排排坐在高级座椅里的观众，他们面带微笑，欣赏着我的演讲。”

希望为他带来了生的勇气，他以狱中的经历为蓝本，写成了后来的《夜与雾》（即简体中文版的《活出生命的意义》）。有这种经历的不只是弗兰克尔一人。

“犹太人内部相互支撑，没有放弃希望是他们最终得救的原因。

“那些不相信自己会有未来的人都死在了集中营里，他们在失去希望的同时，也失去了活下去的理由，由内到外崩溃，身心都放弃了。”

对未来能否抱有希望分隔了人们的生与死。和身患绝症的病人一样，奥斯威辛集中营里的人们在希望落空之后剩下的只有绝望。期待在圣诞节可以回家团聚的人们，到了那一天发现梦想破灭，无数人绝望而死。

弗兰克尔在狱中和伙伴们谈论未来——虽然展望未来能带来的慰藉不多，活下去的可能性也不大，但是，正因没有更坏的结局，所以没有必要感到失落，抛弃希望。

“这是因为没有人能预知未来，没有人能知道下一秒会发生什么。”

正如弗兰克尔所说的那样，有可能集中营里的谁明天就会被编入劳动条件很好的中队工作，或者被送到其他地方逃离苦海。

但是，如果这份“幸运”没有实现，就会发生圣诞节一样的惨剧。

看不到未来希望的人该怎么办？

前文提到过，神谷美惠子以病人为例说道：“有些病人期待着将来某一时刻的痊愈，当下全力忍耐着病痛，因为现在的每一天都是通向未来的必经之路，他们满怀希望，于是生活有了意义。”

神谷美惠子在这里说的生活意义就是“生存价值”。在我看来，未来不仅是个未知数，还有可能根本不符合期待。现在的每一天都通向未来，但是未来未必如每个人希望的那样。

倒不如把希望与未来解绑，“现在”才是希望。神谷美惠子所说的生存价值不在未来，而在当下。

三木清说过：“我无法失去对未来的美好希望。”对此或许有人表示不解，生活中失去希望的大有人在。这是因为在三木清看来，希望是别人给予的，就算自己深陷绝望，仍有人不放弃自己，提供源源不断的希望。

他还说道：“只要心里有希望，多大的苦难都能挺过去。”

或许有些人在困境中放弃了希望，但不能说身患绝症的人内心都没有希望。康复与否未来才能知晓答案，但是就算答案没揭晓，此时此刻也能感受到生活的意义。

活着就是对他人的贡献

我曾在两个学校兼职任教，在我因为心肌梗死住院的时候，其中一个学校将我解雇了，在他们看来，下周无法按时上课的兼职教师没有价值。我给他们发邮件，希望对方能再给我一些时间恢复身体，然而杳无音讯，我也实在没有精力和对方交涉，就这样失去了这份工作。

另一个学校并没有开除我。我能下床走路的时候就去医院的公共电话亭给学校打了电话，接到电话的老师说："无论什么条件我们都会配合，我们等着你康复归来。"住院前我是每周一节课，对方的意思是就算我改成两周一节课都可以。出院后我本想在家疗养一段时间，但是听到对方这么说，我恨不得第二天就回归岗位，于是出院后就立刻回到学校上课了。

上课的教室在二楼，没有电梯，所以我只能爬一会儿楼梯就休息一会儿，但当我再次看到学生们的面孔时，我真实地发出感叹：还活着真好。

在接到学校老师的回复前，我对未来是没有希望的，因为不确定究竟能否康复出院，但当我知道有人在等我，在期待我康复时，即使当时的我身患重病，我也对自己有了信心。这份信心并不是因为下周能上课，而是有人诚心接纳了我，他们给了我“现在”的希望。

无论如何，这个世界上有人为我活着感到喜悦，这给了我活下去的勇气，不管未来会怎样，我在当下感受到了生活的意义。

“活得有意义”“生活的价值”等，价值来源于“活着”本身，和能做到什么、不能做到什么没有任何关系。

关于希望是别人给的，还有一层意义，那就是处在生病等艰难时刻，能够更强烈地感受到与他人的联系。这份联系带来了巨大的力量，帮助我们度过黑夜，迎来明天。

我生病的时候，有很多家人、朋友前来看望、照料，其中不乏千里迢迢赶来的亲人，这份恩情令人动容。

如果是家人或者好朋友生病住院，你一定会第一时间赶到医院，无论他病情多么严重，你都会为人还活着而感到欣慰。此时转换身份，如果是自己患病的话，周围的人也会如此。

自己还活着这件事情对他人来说是喜悦的，活着本身就是在做贡献。当体会到这一点时，我们就收获了生活的意义。

活着
就有价值

"我这样的人活着还有什么意义，存在还有什么价值？"你是否有过这样消极的想法？如果这些话是出自他人之口，你大可回击"你没有资格对我说这样的话"。

问题不在于谁会对自己指指点点，而是自己为什么会萌生这样的想法。

不必满足他人的期待

第一种情况是当我们无法满足他人的期待时，觉得活不下去了。出现这种情况往往是因为达不到他人的期待。但是，我们不是为了他人而活，有些人会对你的生活方式感到失望，但这并不意味着你要为他们做出改变。

父母有时会对子女失望，比如，孩子突然不去上学了，辍学打工等，父母因此头疼不已。然而这份困扰必须由父母自己消除，因为父母无法改变孩子的人生决定。

我没有过活不下去的想法，因为我从小就被人们夸奖有学习的天赋，活在期待下的我不敢考砸任何一场考试，学得十分辛苦。如果我真的天赋异禀，就不会那么辛苦了。

第二种情况是犯下了不可弥补的错误，感到愧对所有人，唯有以死谢罪。这种错误的心态既有个人的原因——对生命的价值缺乏清晰的认识；又有社会的原因——面对犯错之人，社会不听他分辩，不给他改正的机会，而是一棍打死。就算是犯了弥天大罪，也不能成为放弃生命的理由。

人活着就有价值，这份价值是不附加任何条件的。

人们必须明白这一点，因为一直以来社会认为有所贡献的人才是有价值的。从生产性的角度来看，无法从事劳动生产的老年人和病人就是没有价值的，这种观点是极其危险的。

日本有人扬言，如果自己身患重病，会放弃最后的治疗，这是因为他说这句话的时候身体健康，根本没设想过自己会有病重的一天；还有人说为节约医疗资源，要选择性地治疗病患。虽然这些人只是少数，然而他们冠冕堂皇展示的“优生学”思想仍令我震惊不已。

在生命面前，人人平等，不存在谁优先、谁特殊，就算是年轻人，也有可能患上重病，甚至瘫痪不起，陷入昏迷。这种时候，有些人会产生不想活了的想法，就算内心不是这么想的，从生产性的观点来看，自己确实因为患病没有办法通过劳动创造价值，只是在给他人增添负担，自己的存在没有价值。

可是我仍然要说，人如果完全用生产性的观点来衡量自己的生命价值，那就是主动把自己置于“工具人”的位置，是不可取的。

活着就是善

人可以决定也必须决定自己今后怎么活，既然活着本身就有价值，那么从生产性的观点来衡量人的价值就是错误的。但即便舍弃了这样的观点，有些人依旧觉得没有生活的价值，甚至选择放弃生命，希望安乐死，他们的想法的确有些极端，但却很难被改变。

无论如何看待安乐死，我们都决不能接受由他人来判定自己有没有活下去的必要。

每个人应当树立活着就是绝对的善的观念，也就是说，无论在什么时候，无论是谁，活着就是绝对的善事、好事，没有任何人能够代替他人判定生命是否还有存续的意义。

有些人饱受病痛的折磨，寻求安乐死，获得了家人的同意后，这份信念会十分坚定，医生劝阻的难度非常大。他们本人承受的痛苦，常人难以想象，就算是最亲的家人也无法做到真正感同身受，对他们而言，“坚强活下去”这样的话语听起来或许空洞无比。

安乐死存在着法律伦理的问题，不是每个国家都认可。即便安乐死是合法的，对于安乐死的选择也有必要慎之又慎，实施安乐死的判断必须由病人本人做出。

但是，有些人却将安乐死的判断权拱手让人，这是十分危险的事情。

例如，老年人因为上了年纪，或者因病失去了行动的能力，也无法较快做出判断，有些人就会越俎代庖，替本人决定生命有无价值，这令人不寒而栗。

还有的人不是因为病痛折磨，也不是出于信仰，而是单纯不想再给家人增添负担，所以选择安乐死。这种情况下，安乐死看似出自本人意愿，但其实并不是，他是被迫选择的，当然不是被家人所逼，家人不会说他是负担，他是被生活和内心所逼。

就算失去行动能力，治愈希望渺茫，所有人还是希望他能坚持活下去。因此，我们一定要明白自己的价值并不在于现在能做什么事情，而在于活着本身。

有些人仅仅因为这一点就感到十分幸运了。如果家人或者朋友生病住院，你一定会第一时间赶到医院，此时，不管他病情多么严重，你都会由衷发出感叹“只要人还活着就好”。当我们还是小孩子的时候，父母最大的心愿就是孩子健康、平安，不求其他。当你身处危难时，周围的人都会伸出援手，只求你能坚强活下去。

如果你身边的人认为自己没有价值，想要放弃生命，那么作为亲人的你一定要抛弃“生命的价值在于创造”的观点，向他传递强烈的信号：活下去才是最大的价值。

即便如此
还在
坚强生活

既然人终有一死，那我们为什么还必须活着呢？

回答这个问题，我想先说明我们不是“必须”活着，活着不是一种“义务”。

古希腊人认为，人生最大的幸福就是从未出生。既然已经来到这苦难的世界，尽早解脱就成为第二大的幸福。在古希腊人看来，既然众生皆苦，如果不曾降生，就免去了苦难折磨。体验过生活艰苦的人应该能理解其含义。

日语中对应“出生”的表达是“生まれた”（被生下来），英语里则是“I was born”。诗人吉野弘指出，这种被动语态的表达体现出了每个人的出生都不是出自本人的意愿。

作家徐京植认为，每个人的出生都不受自己控制，死亡也不能做到随心所欲，这实在是不讲理。

每日活在煎熬里的人会思考，既然活着那么痛苦，而且迟早都有死亡的一天，那为什么不能现在来个解脱呢？要回答这个问题，我们有必要认识到活着的意义。

在痛苦中活着的意义

我们究竟是为谁而生？

这个问题没有答案，有信仰的人或许会说这是神的安排，过去也有人认为自己是为国家而生的。

徐京植说道：“‘神’如果能要求你出生，也可以要求你死亡，而你无法拒绝。”

将这里的神换成国家，在战争年代，很多年轻人为国捐躯，那时的年轻人相信自己即使战死疆场，死后也可获得“永生”。

时间跳转到现代，许多年事已高、重病缠身之人认为自己已经没有价值，甚至冒出了放弃生命的想法。

少部分极端分子残忍杀害残疾人，理由是残疾人没有生活的权利，更有甚者在被捕后放出狂言：有许多人支持他们。实际上，在生产性为王的时代，有些人即使不下杀手，内心也会认为残疾人士、老年人等群体没有价值。这群冷酷的人如今理直气壮地否定他人，殊不知自己有一天也会步履蹒跚、口齿不清，甚至口歪眼斜、卧床不起。

在错误思想的影响下，行动不便的人会认为自己是负担，瘫痪在床的人希望自己能早日死去，就算能够健康长寿，持这种观点的老人也不会感到幸福。

活着就好

虽然出生不受自己控制，但是我们可以掌握自己的生活，对此，徐京植指出两条路。

第一，创造一个令人满意的世界。这肯定不是以一己之力就能实现的，但是，这个行为本身就能帮到那些失去生活勇气的人。阿德勒的谈心帮助许多患者重拾勇气，我也一直想要成为帮助他人坚强活下去的人。

我们现在就可以采取行动，不管别人怎么想，都可以直接向他传递出强烈的信号：我接受原原本本的你，你不需要做出任何改变。或许有些人觉得说不出口，但其实没有那么难。朋友、家人生病的时候，不管病得多重，你都会觉得只要人还活着就好。这也印证了，人的价值不在于创造，而在于存在本身，活着就是价值。

如果每个人都能这么想，那么就算有一天变得行动不便，无法劳动，也不会认为自己是毫无价值的行尸走肉。如果依旧觉得自己是负担，那是因为没有充分信任亲人朋友。

第二种方法是，实现精神层面的独立，变成“自己人生的主导者”。确实，我们的出生不受自己控制，但既然生下来了，我们就要接受自己的人生，积极地面对一切。

人的出生不是神或者国家的安排。有宗教信仰的人会认为是神让自己诞生的，但这里指的是没有宗教信仰的人，而且就算可以为神或国家而生，也不可能全部为它们而活。

独立并不意味着独自生存，我们活在与他人的联系之中，从某种意义上可以说，我们是为他人而活，他人会在困难的时候鼓励我们“活下去”，永远不会怂恿我们“放弃吧”。共同体的存续，不是由死去的人，而是由这些活着的人实现的。

就算回答不出该不该活着的问题，现在还活着就是最好的答案，证明你已经做出了选择。

与死亡面对面

对那些曾经想要跳楼的人，阿德勒这样说道："你们现在不也活得好好的吗？你们克服了那些想法，你们战胜了自己！"

人生到最后都会迎来死亡，但有些人先迎来的却是疾病缠身，他们在这个瞬间意识到自己老了，时日已经不多。人不可能第一时间感知到机体的衰老，一定是切身感受到死亡的存在后，才认识到死亡已经不再遥远，而是与自己面对面。

就算现在活得好好的，也不能掉以轻心，忽视死亡的威胁。当然，也不可过分关注，认为既然最终的结局都是死，就没有活着的必要。我们不是为了死而活着，旅行出发前需要确定目的地，但死并不是人生的目的地。

旅行出发前制订的计划未必能顺利实现。我之前去上海演讲，结束之后计划乘飞机去深圳，准备第二天的演讲，但是突遇大雨，航班停运，一番折腾之后有惊无险，还是在深夜赶到了酒店，第二天顺利完成了演讲。就算当时因为大雨滞留在了上海，最起码旅行变得不再无聊，有时意外也是奇遇，丰富了旅行的乐趣。

如果全程盯着目的地，就会错过途中美丽的风景。人生也是如此，虽说终点都是死亡，但这一路的旅程才是最值得享受的。

人在生活得一帆风顺的时候是不会想到死亡的，只有在饱受折磨，想到前方的路一片黑暗的时候，才会想要放弃生命。想到“前方的路”说明他们还在思考未来，只不过未来显得太沉重太痛苦，所以他们选择在今天自我了断。

有些人虽然不痛苦，但是对自己的生活不满意，每一天都度日如年，他们也有过这样的想法。

如果对目前的人生感到满意，死的概念就不会出现在脑海中，那么怎样才能做到这一点呢？

死
没有
优劣之分

死没有优劣之分。无论是早产，还是难产，人都是一样地出生，死也是如此。但还是有很多人认为，寿终正寝是皆大欢喜，而英年早逝就难以接受。

在人们眼里，尽享天年、无疾而终是幸福的；与此相反，白发人送黑发人是不幸的，自寻短见也是不幸的。

区分死是否幸福没有意义，因为每个人都有那么一天，在死亡面前所有人都是平等的。

不要将人生的结尾作为评价标准。我拜访过许多自杀者的家属，我希望他们看到自己亲人完整的人生，而不是片面关注自杀的结尾。死虽然为人生画上句号，但死不是生的目的；虽然倒计时从出生那刻开始，但死亡绝对不是人生的目标。

尽享天年、寿终正寝这些词语成立的前提，是承认人生的价值在于生命的长度。我在前文提过的“生存价值”表示活得有意义。阿德勒这样解释道：

“许多人害怕生病，甚至已经成了强迫症，会妨碍有意义的工作。生命虽然有限，但是对于实现人生价值来说已经足够了。”

不仅是生病，年龄也会影响有意义的工作，上了年纪的人们担心现在开始入行会来不及。但其实，疾病也好，年龄也好，都不是妨碍从事工作的原因，而是不想工作拿出的借口。阿德勒在这里将生活的意义定义为“从事有意义的工作”。

有所执着反而死不瞑目

在阿德勒看来，虽然生命是有限的，但是通过从事有意义的工作，就可以实现人生的价值。如果没有做到这一点，就会比什么都没做的人生更没有价值。

要实现寿终正寝，不能只做到长寿，还需要拥有不惧死亡、从容应对的姿态，这是面对死亡的一种最高境界。

但是，从生产性的观点来看，长寿没有价值；还有人坚持“优生学”，主张将人的生命分为三六九等。有这样想法的人没有设想过自己衰老后，疾病缠身动弹不得的场景。

有人声称自己不会接受“延命治疗”，但他们到时或许根本不具备那份从容。

实际上，很少有人能做到这一点，也不必做到这一点。有人惧怕死亡，为此号啕大哭，在恐惧中离开人世，这样的死法并不丢人。

三木清说过：

“人如果抱有虚无的心，对任何事物均无所执着，反而可以向死而生，活得轻松自在。有所执着，在人世间苦苦挣扎的人，只会死不瞑目。生前深深执着之人，死后会找到自己的归宿。”

我生病住院的时候，觉得最可惜的是还没看到孩子长大成人，有个美好的未来，所以自己还不能死。

“有所执着反而死不瞑目”其实是个逆命题，是想表示放下执着，反而能够活得轻松自在。

人生不是马拉松，而是一场舞会

英年早逝往往与壮志未酬、创业未半等印象联系在一起，然而没有实现“志向”就早早死去的人，和尽享天年、安详去世的人之间没有价值的区别。

如果你认为人生是从出生开始到死亡结束的直线旅程的话，英年早逝之人确实在“半路”就早早退出了，然而人生不能只从直线的角度来看。

用比喻来说，人生不是马拉松，而是一场舞会，音乐停止舞步也就停止，或许从结果来看，有很多人走出去很远，但这不是跳舞的目的。如果终点撞线是唯一的目标，那么到达终点前的人生都是不完整的。然而舞蹈是乐在当下，所以无论什么时候停止，人生都是完整的。

不死的
“我”

没有谁能死而复生，没有人能讲述死是什么体验，我们只是根据他人的死来进行推测。

我们可以明确的一件事是，死意味着离开。昨天，甚至是刚才还在一起的人说走就走了，不复相见，再也看不到、听不到也摸不到那个熟悉的人。

面对他人的逝世，我们会有一种强烈的失落感，短时间内还不能习惯，还会像往常一样对他说话，重复许多共同的回忆。

但是，总有一天，那个曾经每日以泪洗面的自己会从过去中走出来，不再想起那个已经离开的人，随着时间的推移，开始新的生活。

遗忘很正常

死是一种离别，这点毋庸置疑。就算是普通的离别，和亲密的人分开后，我们也会感到悲伤、寂寞，但我们总会淡忘已经离开的人，因为死亡将彼此分隔在了不同的时间维度。

英语有“He has been dead for 10 years.”（他已经去世十年了。）的表达。在死亡发生时，死者的时间已经结束，留下来的时间尽管对生者来说十分漫长，但对于死者来说就只是一瞬。

我们所认识的死亡全部都是发生在他人身上的，所以在活着的时候，我们永远无法了解死亡的感觉。

或许我死后，我所生活的世界也会消失。我觉得无梦的深睡状态有一点像死后的虚无，只有“一点像”是因为第二天我会醒来，而死后是不会醒来的。

我做过全身麻醉的手术，手术开始后我记得的最后一句话是“动脉固定完成”，我再次醒来是呼吸机拔管时，那一瞬间，强烈的疼痛将我拉回现实。麻醉后就像帷幕落下，深度睡眠时我能感觉到自己在睡觉，但是麻醉时我没有任何感觉。

无论是睡眠还是麻醉，时间流逝，人总会醒来，但死后是不会醒来的，所以没有人能体验真正死亡的感觉。

身心不可分割

柏拉图认为死是灵魂离开身体的状态。

如今，灵魂已经不符合科学常识，因为疾病或者事故失去意识的人在心肺功能停止后，意识也随之消失，所以大脑和心灵（灵魂、意识）不是相互独立的存在。死就是大脑停止工作，大脑停止工作之后，意识也就消失了。

阿德勒认为的死和上述两种观点都不同。阿德勒独创了“个体心理学”（individual psychology），individual 指的是“不能分割”（in-divide）。个体心理学反对把精神（心灵）和身体、理性和情感以及意识和无意识等分开考虑的一切二元论的价值观。

精神与身体无法分割是什么意思呢？精神和身体不是相同的事物，阿德勒说：“心灵和身体两者都是生命的过程与表现，相互影响。”

当我们要举起眼前的东西时，如果手被绑住是做不到的，这就对应着因为年龄增长、身患疾病等导致的行动能力退化。

相反，精神会对身体造成影响，比如被人骂了之后，我们会感到不安，整晚睡不着，甚至出现发热。

虽然阿德勒心理学否定了心理创伤，但是灾害或者事故的确会对内心造成巨大影响。人被迫违背自我意志时，内心也会受到巨大影响。有些人能够淡然处之，当作什么也没发生，但是这很难，所以有些人会患上精神疾病。

大脑是心灵的工具

就算没有天灾人祸，人也会因为衰老或疾病变得行动迟缓，同时还要承受疾病带来的痛苦，这些都会给内心带来影响。

对此，阿德勒这样说道：“大脑只是心灵的工具，而非根源。”也就是说，心灵可以支配大脑，心灵并不是由大脑创造出来的。同样地，心灵为整个身体的行动指出方向。

但这并不是说心灵可以随意指挥包括大脑在内的整个身体，心灵也受到身体的影响。阿德勒认为人是不可分割的，心灵与大脑（身体）既不是对立冲突的关系，也不是简单的“非此即彼”，它们是生命这一整体的组成部分，两者相互作用，相互影响。既然两者不是独立存在的，就不存在前者支配后者的关系了。

“无法分割的整体”既不是心灵，也不是身体，而是与身体、心灵都不同的“我”；并不是心灵支配大脑，而是“我”支配了身体中的大脑，支配了心灵。

“我”是由“心灵（灵魂、精神、意识）”与“身体”构成的，“身体”包含了大脑，“我”支配“心灵”与“身体”，“我”就是不可分割的整体。

用公式来理解的话就是：

我 > 心灵（灵魂、精神、意识）+ 身体（> 大脑）= 生命

“我”是由心灵和身体组成的，就算身体被损坏或发生老化，

仍不会改变“我”。

有位哲学家在战争中遭遇空袭，脸和身体被严重烧伤，连续数周昏迷不醒。他康复后走在路上，孩子们看到他的脸会感到害怕，但是不管他的脸怎么变化，他还是那个哲学家。

我的祖父在战争中被燃烧弹击中，脸部严重烧伤，变得面目全非，但这没有改变他是我祖父的事实。

我们的身体有一天会失去正常的机能，并且最终停止运转，但不管身体发生什么变化，“我”依旧是“我”。

与死后的“我”相处

心灵也是如此，人的精神也会衰退，甚至可能患上阿尔茨海默病，记不住发生过的事情。心灵虽然发生了变化，但是“我”依旧是“我”。父亲患上阿尔茨海默病的时候，忘记了许多东西，但他仍然是我的父亲。

随着死亡的来临，人的意识会消失，但“我”还存留，“我”永远保持不死。

我们身边的人离世后，虽然心灵和身体都消失了，但这个人的“我”并没有发生变化。

“我”支配“心灵”和“身体”的时候，其实是在设定明确的目标。当人想要做什么的时候，是有自由意志的，我们要决定自己是否遵循自由意志。为了实现目标，“我”又要来决定心灵和身体各自的目标。

所以，就算自己饿到不行，我们仍能决定是否要把面包让给更需要的人。

心灵和身体就算有残缺，“我”也不会发生变化，只是不能充分发挥机能而已。

无论有什么限制，自己的决定都不会受到影响。决定行动的是“我”，这个“我”永远不死。

就像用麦克风说话一样，麦克风如果有故障，离得远的人很有可能会听不到声音。但是，发生故障的是麦克风，人的行为（说话）没有受到影响。

人在死后也一直在“说话”，只不过他的麦克风（身体）坏了。我们无法感知死去的人，没有办法看到、听到、摸到他，但是他并没有消失，只要有机会，我们就会回想起他生前说的话。这个时候，他不是我们脑海中重放的记忆，而是作为死后的“我”与我们直接相处。

Chapter 03
第三章

结婚不是爱情的终点

曾经有新闻报道日本阪神大地震之后，离婚的人数大幅增加了。两个人在一起难免磕磕绊绊，但是不至于关系破裂，走到离婚的地步。如果当地震来袭，房屋坍塌，人被埋在废墟下时，丈夫却丢下妻子自己逃命，这样的丈夫很难被原谅吧。

但是，不是谁都会这么想。如果自己动弹不了，有些人希望另一半不要浪费时间救自己，而是尽早逃出去。

让我意外的是新冠肺炎疫情之下离婚人数大幅减少，明明报道中写道："因为疫情影响，人们居家时间变多，'疫情离婚'引发社会的担忧。"报道中的问题确实存在，因为在家碰面的时间多了，发生冲突的机会也就多了。

但并不是说见面的机会少，关系就一定和谐。有些夫妻因为工作两地分居（单身赴任），每周见上一面已十分困难，长此以往，交流变少，关系自然受到严重影响。

日本厚生劳动省的负责人推测疫情中离婚人数减少的原因是“政府要求所有人减少外出，有许多夫妇想等到疫情过后再去办手续”，但我不这么认为，因为在共同等待的时间里，许多导致离婚的危机会自然解除。

“疫情离婚”为何不增反减？

我认为有三点原因。

首先，丈夫此前一直忙于工作，在家时间很少，如今两人相处的时间变多，虽然发生口角的次数也增加了，但是丈夫可以通过做家务、带孩子等尽到丈夫的责任，大大促进家庭和谐。其次，丈夫之前都是在外工作，妻子、孩子看不到他的辛苦，如今有许多公司开展居家办公，有些工作量比之前的还要大，妻子看到丈夫长时间工作的样子，更加理解他的不易。最后，两地分居的人在疫情下更是没有办法见面，感情上出现的问题都会被归结为疫情所致，双方都相信疫情结束后一切都能回归正轨。许多人就这样把婚姻中的许多问题搁置了，这才导致了离婚人数的不增反减。

异地恋的人们也有同样的操作，感情不顺的时候就会想“怪就怪在我们异地，如果有一天不异地了就什么都好了”。但是，等到两个人终于生活到了一起，又发生问题的时候，异地已经不能成为借口，他们只能面对现实。

没有人会在结婚前预想到将来离婚的原因，因为如果真的存在这样的问题现在就不会结婚了。但也有人将结婚当作终点，无论如何都要结婚，就算有问题也会睁一只眼闭一只眼。

什么是幸福？

结婚不是爱情的终点，更不是幸福的终点。两个人在一起不可能是单方面的喜欢与付出，只有对方恰好也喜欢自己，才会感到幸福，但仅仅做到确认对方心意是不够的。

现在人们很少使用“相亲相爱”这个词了，但我认为这是结婚之后的下一个目标。虽然现在有些人会把恋爱和结婚区分开，但是仍有很多人认为结婚就是恋爱的目标，甚至是终点。

事实上，结婚后会发生什么，结婚时是预料不到的，或许不是快乐的结局（happy ending），而是不幸的开始（unhappy beginning）。当然，两个人决定走到一起，肯定都怀揣对未来的美好期待，没有人认为自己结婚后会不幸。

这里有两个问题。第一个问题是，许多人坚信结婚就能幸福，但却不知道这个幸福是什么，如果错将成功当成了幸福，自然就会出现问题。

要维持关系稳定，就必须保证两人的目标是一致的。目标未必很遥远，可以是生孩子、升迁、加薪、买房子等，但如果实现不了，有些人就会陷入绝望。

共同目标有可能不会实现

当今社会，有许多事情十分现实，比如今天还在一流企业上班，也许明天公司就会倒闭，自己面临中年失业的窘境；再如有些夫妇很想要孩子，能试的方法全部试遍，但就是生不了。

第二个问题是，把结婚当作终点，在终点撞线后就停止了奔跑，放弃为爱做的努力。就比如结婚前彼此相敬如宾，结婚后就大吵大闹，此时回过头才发现自己大错特错，结婚根本不是终点。这样的争吵还会给关系带来致命打击。

虽然恋爱交往的时候也有过争吵，但是两个人之所以还能坚持到结婚，就是因为这些争吵不是致命的。那么婚前婚后的争吵有什么不同呢？

我认为，结婚前交往的每一天是活动（event），就像出去旅游，住豪华酒店，自然不需要煮饭做菜，也不需要打扫卫生。

而婚后的相处不再是活动，而是生活（life），每天都是柴米油盐酱醋茶，必须得亲力亲为，要买菜做饭，要洗衣拖地，还要赚钱养家。

交往时发生的争吵不会对关系造成根本性的打击，就算吵得不可开交，结婚仍是两人共同的目标，所以不管发生什么都可以忍耐。当然，如果没有下定决心结婚的话，有一方或者双方动了分手的念头，那小争吵也会成为分开的理由。

但转念一想，如果两个人还没决定结婚，那么就像和朋友吵架一样，吵完了就算了，不会影响到关系。

结婚后因为不可能轻易离婚，所以争吵往往会很严重。而正是因为不能轻易离婚，一旦有一方无法忍受，下定决心要分开，那么也是不可能轻易转变想法的。

对于婚姻，争吵还不是最可怕的，最可怕的是失去了当初心动的感觉，连吵架都不想了，每日就只剩机械的重复。结婚不是精心安排的活动，而是寻常普通的生活，不可能像坐过山车一样惊险刺激。

婚后生活并不单调

单调是描述生活是否有意义的形容词。虽然婚后生活不是连续的活动，不够新鲜好玩，但也并不单调，我认为有两点原因。

首先，每天不可能都是在重复相同的事情，昨天和今天日出日落的时间、地点都不同，自然现象都是如此，更何况拥有情绪的我们呢？有开朗畅快的日子，也有闷闷不乐的日子，如果能够留心每天的小变化，生活就不再单调了。其次，我在前文提到了活动和生活的区别，婚后生活虽然缺少新意，但是如何面对却由自己决定。通过自我调节，我们仍能在寻常的每一天中活出滋味，活出精彩。

现在我们吐槽简单重复的生活，殊不知我们厌弃的可能正是其他人向往的，许多躺在病床上的人只希望过平平常常的日子就好。

如此一来，我们就明白不必把结婚这件事情看作成功，它既不是幸福的终点，也不是人生的目标。

恋爱
没有条件

有些人谈恋爱是要看条件的，诸如对方的学历、工作、收入等。为什么要附上条件呢？条件的背后隐藏着“如果你爱我，那我就爱你”的逻辑，因为他们认为自己一厢情愿会让人感到难堪，所以自己付出了多少，对方也要回报多少。

如果对方无法满足自己的条件，就会不由分说先打上一个叉，这样的爱情观是有问题的。你先爱我，我才会爱你，这和谈生意没有区别。

为什么爱情也要等价交换？说到底还是想逃避关系里只有自己付出的现实。

对于他们而言，被爱比爱更重要，但是不去爱怎么能被爱呢？

抛开爱情的条条框框

为爱附上条件的人认为爱是可以衡量的，然而比山高、比海深的爱是说不出、看不到，更是算不清的。有些人为了确认对方有多爱自己，就会从现实条件入手。

比如，看得到的相貌、收入、社会地位、礼物的多少与价格等，这些都是判断对方是否爱自己、有多爱自己的条件，在这个基础上再决定是否结婚。

但问题是，这些量化的东西并不是一成不变的。

公司会突然倒闭，生病住院会一下没有收入，这都是很有可能发生的事情，再加上现在的新冠肺炎疫情，无数人失去工作已经是摆在面前的现实，为了生活人们又得从头开始。

即使对方很幸运，没有遇上飞来横祸，但如果他想要换工作的话怎么办？毕竟很少有人能一直做一份工作。

结婚之后，或者说正准备结婚的两个人，如果有一方想要换工作，这就不是一个人的事，要经过两个人的协商才能决定。结婚前都看重条件的两个人，如今不再看重外在条件，而是为了彼此做出改变，这并不奇怪，也不少见。

无论是什么工作，在哪个公司上班，收入和社会地位等都只是人的“属性”，不是本质。因为属性的变化，选择爱或不爱一个人是很不理智的。

无论多美的容貌，都有年老色衰的一天。如果因为对方容颜不再就失去爱意，或者如果对方丢了高薪的工作就选择分手，那么你爱的不是他，而是他的属性。这些属性会发生改变，而且谁都可能拥有。

这里有一个比喻。年轻人求职时，要尽力推销自己，比如，在简历里标明自己能熟练操作 Word、PS 等各种办公软件，因为电脑谁都会用，关键是要做到与众不同，要强调自己对公司的价值，但是现在很多年轻人给人的印象却是可有可无的可替代品。

当然，现在许多公司为了追求效益，要求新员工快速成长的管理方式也是有问题的，所有人都被业绩目标压得抬不起头。在日本，就连做学问的大学如今也要求教师每年发表多少篇论文。

恋爱和结婚，不关注本人如何，而看属性高低，甚至以此为凭据决定是否交往、结婚，这样的人和只看简历上的学历、资格的公司又有什么不同？

爱人无法陪你走到最后

围绕爱情和婚姻还有一个问题，那就是对孤独的恐惧，人们想找到能陪伴自己的人。但即便有人陪伴，孤独也是无法避免的。

不管怎样，人生都会走到终点，哲学家森有正这样说道：

“死亡如果是绝对的孤独，那么生活里的孤独都是死亡的预兆。”

人迟早都会死，而且只有自己能面对这一时刻，这就是“绝对的孤独”。我回想起十年前因为心肌梗死被送到医院的场景，我当时想如果我就这么孤零零地走了，实在是太孤单了。

“生活里的孤独都是死亡的预兆”指的是，感到孤独的人其实是在提前体验死亡的感受。

这听起来十分可怕，却是可以破解的，如果积极转变，在活着的时候不孤独，那么死亡就不会是绝对的孤独。虽然每个人都逃不掉死的结局，但是面对死亡时的感受却因人而异。

活着的时候，有所爱之人就能克服孤独，世界上只有爱的经历才能抵抗孤独。

问题是，和所爱之人仅仅只是在一起还不够，明确自己与他人的连接，无论什么时候都不会孤独，就算一个人去世，也不会感到绝对的孤独。

就算见不到
也能
紧紧相连

人很难做到一直不孤独，与他人的连接感在面对面的时候是不明显的，要离得远才感受得到。但也有例外，有些人虽然身体离得近，心的距离却很远。

从和辻哲郎留学期间与妻子交流的信件中我们可以得知，20 世纪初他远赴欧洲求学，整整坐了四十天的船。当时没有飞机，信件也是靠船运，所以从寄出信到妻子收到信，中间要耗费几个月的时间。

但即便如此，和辻哲郎仍然坚持每天给妻子写信，妻子也每天读着从“过去”寄来的信。信中讲述的事情早已不是现在发生的，每每写信读信，两人都深感相隔距离遥远，然而那份欣喜却根本不比现在打电话发消息的即时联系少。

有些人说距离不会产生美，只会产生隔阂，关系发展的方向会失去控制，但这也不一定，现在的关系如何变化取决于原来的关系。如果关系本就牢固，面临困难也能够平稳发展；但如果关系本身就摇摇欲坠，再加上不付出努力，就算日子风平浪静，关系也会无疾而终。

有位因为疫情在家办公的朋友告诉我，工作还是得面对面才能开展。在我看来，他不是在家做不了工作，而是缺少每日和同事闲聊才能获得的灵感。远程办公不会阻断人们的联系，分隔开就无法建立联系的人，即使面对面也不具备这项能力。

回到恋爱关系，相信见面就能解决一切问题的人其实并不相信这段感情。即使不能见面，频繁联系导致对方产生被束缚的感觉，久而久之也会渐行渐远。森有正就曾这样说道：

“爱情中的人渴望自由，自由必然隐藏危机。”

每个人都希望不受恋人的束缚，认为这需要对方给予爱与包容，因为强加的束缚与支配会把自己越推越远。但自由是双方的自由，自己拥有自由的同时，对方也有自由去关心他人，爱他人。这样看来，束缚也好，不束缚也罢，都是爱情的危机。

然而，这并不像森有正所说的那般“必然”，感情中的自由不会必然导致移情别恋。

即使摸不到也能感受到

前文提过，面对去世的朋友和亲人，我们无法再听到、看到、摸到他们，但这并不意味着他们不存在了。比方说，阅读一本书时，即使作者已经离世，我们仍然能感受到他的存在，唯一的区别是，在世的作家会发新书，而去世的作家不会。读书就是感受作者、与作者对话的过程。

当我们想起远方的朋友时，我们虽然无法和他直接接触，但仍能够强烈感受到他的存在。相爱的两个人见面时可以培养感情，但分开的时候感情或许更浓烈。当然，见不到面仍能够感受到对方的说法，或许也是自己单方面的过度想象。

森有正记录下了自己第一次对异性产生的乡愁一般的思绪、艳羡以及朦胧的欲望。其实，森有正与这位他心仪的姑娘没有说上一句话，那个懵懂的夏天就这样白白过去了。但是森有正依然对心中的“她”“在零接触之上建立起了完全主观化建立的理想人格”，虽然这个理想人格并不真实，只不过是他想象的“原型”。

孩子不是父母成长的工具

我在一档电视节目中看到，主持人问 3 岁左右的孩子：“你是谁的孩子呢？”孩子思考了一会儿说道：“应该是妈妈的。”

母亲十月怀胎，用身体养育了我们，父母的含辛茹苦我们不能忘记，但孩子并不是父母所有的。大家都会说“养孩子”，其实父母只能为孩子的成长提供帮助。确实，孩子是无法一个人生存的，需要父母的帮助，但是父母能做的仅仅是帮助，除此之外就没有了。

抚育孩子的目的是实现他的独立，让他真正做到不依靠父母独立生存，所以孩子不会一直需要父母。

但是，我听说有些大学生每天还要靠父母叫才起床，开学时父母前来陪伴还可以理解，但是工作面试也要父母陪，那就有点惊人了。这或许是因为孩子没有反对父母这种行为。

为了让孩子尽早独立，父母不应该对孩子能够自我判断、自我完成的事情指指点点，甚至大包大揽。

抚育孩子是为了孩子，而不是为了自己，这是许多父母没有明白的道理。他们希望孩子走的路其实是自己没实现的人生，如果孩子选择了和自己预想不同的人生，父母应该记住这是孩子的人生，要尊重他们的选择。

抚育孩子不意味着牺牲自我

这样简单的道理许多家长却不愿意去理解，尤其是当孩子做出“出格”行为的时候。曾经有家长来向我咨询，他们希望孩子大学毕业后找份体面的工作，但是孩子却想在中学毕业后就去打工，他们无论如何也无法想象那种人生。

其实孩子也对未来没有把握，可是父母能做的就是相信孩子能够自力更生，告诉孩子无论遇上什么麻烦都可以和父母商量。

为了孩子牺牲自我是错误的做法，因为父母本身也有人生，不应该为抚育孩子搭上自己所有的时间和精力。孩子为了考上好大学每天努力学习是值得鼓励的，但要切记考大学的是孩子，而不是父母。

有些家长也来问我，孩子今年高考他们该怎么办，是不是应该调低电视音量，低声说话。我告诉他们平常怎么样现在就怎么样，高考的孩子不需要被特别对待，而且他作为家庭的一员，也应当承担相应的家务，这不会影响到孩子的成绩。

我在前文区分了“为了自己”和“牺牲自己”两种抚育孩子的方式，但也有难以简单区分的父母。比如，用“都是为你好”强迫孩子学习的父母，他们看似将自己的时间和精力全部奉献给了孩子，做出了巨大的牺牲，但其实是将孩子作为自己的附属品来对待，他们将自己未实现的梦想强加在孩子身上，让孩子必须按照自己的安排发展，这样的相处方式会给孩子带来极大的困扰。

有些人会感叹：成为人父人母，自己成长了，人生也完整了。持有这种观点的人，他们只是把抚育孩子或者孩子本身当作自己成长的工具。虽然父母抚育了孩子，但从人的发展来看，父母并没有因此成长，或者让人生变得完整。

抚育孩子确实能学到一些东西，但是通过这些东西就能实现个人成长的例子实在稀少。抚育孩子就是为他的独立提供帮助，除此之外没有其他的东西。

当然，每个人的人生都不同，也有不同的观点，但有孩子的人不应该对不婚族以及还没结婚的人说出“抚育孩子才能让人生完整”的话。如果生活中有人对你这么说，你大可不必理会。

这种人就是阿德勒所说的“价值消减倾向”的例子，他们通过贬低没有结婚的人获得优越感。结不结婚，生不生孩子，和人生价值没有任何联系，所以根本不存在贬低价值一说。

认为抚育孩子自己就能成长的人，他们只不过是错把抚育孩子的辛苦当成了成功。

我们能够爱年迈的父母吗？

你能够爱你年迈的父母吗？被这样问的人，应该都会给出肯定的回答。但这个问题之所以会存在，是因为有一些不爱父母，或者说很难爱父母的人。

尤其是对于那些从小就和父母关系不好的人来说，当父母年迈需要照料的时候，他们很难出于报恩、回馈的心态，奉献给父母他们之前得到的爱。

首先我想说，照料父母时，要把照料和爱区分开。养孩子也是这样的，不是说父母只有爱孩子才会抚育孩子，不合格的父母并不少见。当然，大多数父母都深爱着自己的孩子，但是过于深爱反而会成为抚育的负担。父母因为爱孩子，所以当对孩子感到不耐烦，甚至责备孩子的时候，就会深感愧疚，认为自己不是合格的父母。

不是所有人都爱自己的孩子，也不是只要爱孩子就可以构建良好的亲子关系。如果真是这样，那么父母因为孩子的言行生气的时候，对孩子的爱就自然被推翻了，很显然事实不是这样的。

父母的爱不是一天二十四小时在线的，没有人能够也没有必要这样做，不如换种心态：当我和孩子相处愉快的时候，我们之间会迸发出爱这种情感。这样一来，父母会感到轻松许多，父母对孩子的爱也会日益加深。

和孩子相处时，在彼此心意相通，共同感到喜悦的时刻，父母能清楚地意识到自己深爱着孩子。即使下一刻与孩子发生了争吵，关系陷入僵局，但总体来看有过这样快乐的时光，那么这段亲子关系就是良好的。如果一开始就强求理想的亲子关系，现实的结果只会大打折扣。

被爱绑架的照料

照料父母也是一样的道理，不能一开始就强求做到尽善尽美，毕竟不是所有孩子都爱父母，被爱绑架的照料也不是人们希望的。

提到父母，我们会第一时间想到他们付出的辛劳，或许也会在某一时刻与父母心意相通，因为一件小事共同放声大笑。

如果有这样的瞬间，那么就算之前与父母相处得并不愉快，那些不愉快也可以一笑了之。也正是因为彼此都放下了之前不好的回忆，才能体验这一刻的欢乐。

照料父母并不是把自己从小得到的还给父母，父母也不能认为孩子今后要理所应当地服侍自己。

父母的恩情，孩子是还不尽的，也许照料父母会付出很多，但是比起父母抚育自己投入的时间与精力，这仅仅是九牛一毛。

付出与回报这套规则不适用于亲子关系，如果真的很想还给父母，那就等到自己身为父母的那一天给予孩子爱与关怀，或者对社会有所回馈。

在日本，照料父母，是孩子的好意，并不是义务，执着于“养儿防老”，用爱“绑架”孩子只会适得其反。

现在的年轻人不能被爱“绑架”，而是要回馈真心。

理想家庭
由自己
创造

没有人能决定自己的出身，也无法选择自己的家人。

确实，从时间顺序来看，孩子是在后面才加入家庭的，从孩子降生的那一刻开始，家庭这一共同体就发生了变化。严格来说，并不是孩子降生的瞬间，而是当夫妻知道有了孩子的时候，二人世界的家庭就发生了变化。因此，我们虽然无法决定自己出生在什么家庭，但却可以通过自己的加入改变这个家庭。

当两个人开始交往的时候，共同体就发生了从无到有的改变，虽然之后也加入了对方的家庭（共同体），但两人的共同体是在开始交往的瞬间成立的。

我在前文提过，人的出生是不受意志控制的，无法选择家庭与父母。大家都希望在家庭中有归属感，但如果我们对家庭不满意，那么就应该靠自己的力量去创造理想的家庭。

孩子离不开父母的帮助，但孩子并不是什么都要听从父母，如果有自己想尝试的事情，应该和父母大胆沟通。

小时候我即使有想要的东西，也基本不会告诉父母，这就导致父母给我买了很多东西，但都不是我想要的。当时我担心，如果我告诉他们自己的真实想法，他们一定会很失落。

我很羡慕那些能够勇敢告诉父母自己想要什么的人。如果你向父母说出愿望，他们回绝“等你工作赚钱了，想干什么都行”的话，你就不必“懂事地”让步，而是告诉他们：“我现在的工作就是学习，家里每个人都有自己的分工，不能因为我是孩子，就要被强加许多不合理的东西。”

不能勉强他人自助

本章讨论的恋爱、结婚、抚育孩子、组建家庭等模式都因人而异，适合自己就好，但总有人试图将自己的理想状态强加于他人身上。

有人说，如今的时代，比起公助（政府资助），自助（自力更生）和共助（互相扶持）更为重要。的确，将个人幸福寄托于外界是不切实际的，绝不能让周围无关的声音毁了自己的人生。

谁都明白只有自己能保护自己，自助者天助之，但有的人一直强调自助、共助，其实是在逃避自己服务社会的责任。

有人认为家人应该理所应当地帮自己带孩子，就把孩子丢给自己的父母，尤其是母亲，这样推卸责任的人和电视上满嘴跑火车的人又有什么区别呢？我们应当思考，亲子关系中的“道德”观念“父母就该爱孩子，孩子就该爱父母”究竟是否正确。

有时，看上去一团和气的共同体，背后只不过是虚伪的结合。

关系中的分裂很正常

哲学家马丁·布伯在《我与你》中提到，人和世界的关系分为两种，一种是“我与它”的关系，一种是“我与你”的关系。

在“我与它”的关系中，人与人的交往会带着明确的目的性、功利性，“我”只能看到对方身上的身份、价值、利益，是一种虚伪的关系。在这样的关系里，“我”是关系的中心，“我”并没有把对方看作是和自己一样的人，也就是没有把对方视为共同体中的一员，而是将其视为可利用的工具。而在“我与你”的关系里，人与人的交往不带功利目的，是一种真实的关系。

孩子如果无条件地听从父母，不进行任何反抗，表面上看起来没有任何问题，家庭似乎十分和谐，但是总有一天关系会破裂，这就是“我与它”的亲子关系。

在共同体之中，假如只要有一个人发表了不同观点，共同体就会出现分裂，整体感、连接感荡然无存，那也没什么可怕的，打破了虚伪的结合，才能创造真正的连接。

不仅家庭中会出现分裂，还有更大的共同体，比如不同年龄层之间的分裂、世界的分裂等。但是分裂没有那么可怕，我们要学会接受它，然后思考与观念不同的群体的相处之道。对话是一种有效途径，它能够解除误会，改变对立的关系，化敌为友，共同战斗。

切断虚伪的结合需要智慧，而不是争斗。

Chapter 04

第四章

工作不是
人生大事

面对“你为什么工作”的问题，很多人会回答“为了生活”。

确实，如果不工作就没有生活来源，没有生活来源又何谈生活？从这个意义上看，为了生活而工作的逻辑没有错，但是切不可前后颠倒，人不是为了工作而活着的。

这就像人活着必须呼吸，但不能说人活着就是为了呼吸。患有慢性病的我需要终生服药，但吃药不会是我每天唯一的功课，为了疾病不再复发，为了拥有健康的生活，我除了吃药还坚持走路锻炼身体。

如果突然无法工作

虽然我为了健康在吃药和锻炼身体，但是我也不是为了健康而活着的，换句话说，健康不是我活着的终极目标。

工作就和健康一样，它们本身不是生活的目标，那么活着的目标究竟是什么呢？片面地来看，活着的目标是幸福，工作与健康只是实现幸福的手段，为什么它们无法成为终极目标呢？因为我们即使失去工作，失去健康，仍能够拥有幸福。

在很多人看来，人的价值在于创造。按照这种观点，因为工作是一种创造，所以能工作的人就是有价值的人。可等到他们上了年纪，行动不便的时候，他们还具有价值吗？

有些年轻人突发疾病倒下，对从未经历过任何打击的他们来说，无法工作令人感到绝望。可是对被岁月和疾病摧残的老年人来说，这点痛苦又算什么？毕竟年轻人治愈的可能性要比老年人高得多，当然也有年纪轻轻不幸患上绝症的人。

生病前能跑能跳，上天入地无所不能的年轻人如今只能躺在病床上，吃喝拉撒都要靠别人照顾，这份巨大的落差感会让他们怀疑自己存在的价值，这可以理解。

但是我想强调的是，工作是有价值的，但不工作不代表就没有价值。如果能转变“人的价值在于创造”的观念，那么就算无法工作也不用担心自己会失去价值。

人活着的目标不是工作，而是更高维度的东西，就算有一天失去工作能力，自身的价值也不会因此减少半分。

活着的目标是幸福，所以如果你现在每天上班感受不到幸福，那就需要重新审视一下这份工作是否适合自己。这和能力无关，即便你具备高超的专业能力，也不代表你能够感到满足。

工作本身就是生活意义吗？

工作的满足感不是高收入带来的，幸福与收入高低没有关系。有些人上班赚钱不只是为了维持生活的必需，还会用来享受爱好的事物。

我住院的时候，负责照料我的一位护士很喜欢滑雪，就算在冰雪消融的春天，他也会从京都跑到山形县，只为追逐雪花的脚步。那么他每天的工作只是为爱好服务的手段吗？并不是这样的，虽然他每天的工作很忙很辛苦，但是如果只认为享受爱好的周末是开心的，那么生活不能称为幸福，因为一旦被安排周末加班，生活意义就消失了。

也有人认为工作本身就是生活意义，对他们来说，工作不是生活的手段，工作就等于生活。

我痊愈出院的时候，曾询问医生就我目前的身体状况来看，我应不应该拒绝工作邀约。因为我知道自己还没完全恢复到之前能承受高强度工作的状态，我想了解我的身体状况能支撑多少工作量，也就是选择工作的标准。

医生给我的回答是“尽可能不要工作”。他如果告诉我全部不要接，或者说全部接的话，我都不会纠结，这样到头来我还是搞不懂该拒绝什么样的工作。

我出院的消息传遍了周围，因为考虑到我大病初愈，所以没有很多工作邀约，但随着时间推移，邀约变多了，我到了必须做选择的时候。

人不可能永远活在合理之中，工作也是如此，做出的接受或拒绝工作的决定不会一直都是合理明智的。

接受工作的标准

实际上，我们面对工作是没有办法随心所欲的，不可能想做就做，不想做就不做。于我而言，如果与事先安排的工作撞期，那肯定只能拒绝眼前的工作，但最重要的判断标准是，如果这项工作对别人有贡献，那我就接受。

工作不仅是维持生计与享受爱好的资本，有意义的工作是对他人有贡献的工作。

对出院时的我来说，如果完全恢复健康，那么什么工作都能做；如果没有恢复健康，那么什么工作都做不了。这两者都没有任何的纠结。但我的实际情况却是出院后还要在家疗养，同时也具备了外出工作的能力。那个时候，我必须要选择是否工作，摆在面前的选择看似不合理，其实不然。

首先，报酬的多少不是我考虑的唯一标准，因为就算赚得再多，也不会从内心迸发出干劲。如果为了利益出卖人格，那我的内心永远不会得到满足。

有位编辑告诉我，他在加入编辑部之前很喜欢看书，但是当看书变为自己的工作后，他对看书就再也提不起兴趣了。

做研究也是一样的道理，本来很喜欢钻研《柏拉图对话录》的人，当他要撰写相关的论文或者书籍的时候，研究就突然变得痛苦起来，我就是其中的一员。当然也不排除一些人本身很喜欢研究，很擅长写论文，对他们来说这一切都很轻松。我对《柏拉图对话录》很感兴趣，但当我为了学术研究阅读相关论文的时候，我顿时觉得书中之前充满趣味的句子成了无味的废话。

享受工作、因为工作而快乐的人是不会思考“为什么工作”这个问题的，他们会说因为自己愿意。而很多人不喜欢自己的工作，甚至觉得是一种痛苦，上班的时间显得十分漫长煎熬。如果工作并不快乐，那工作就没有意义。

你的工作对他人有贡献吗？

工作是否快乐是选择工作的一个理由，那什么时候才能体会到工作的快乐呢？应该是觉得自己对他人有所贡献的时候。

如果眼里只有金钱利益，做一个彻头彻尾的利己主义者，确实可以拥有物质的富裕，但却躲不开心灵的贫瘠，看似优渥的生活却离幸福很远很远。

比如，有些黑心企业要求，甚至逼迫员工欺骗消费者，不惜损害消费者利益也要赚取高额利润。如果有员工能心安理得地接受并参与其中，那这就是人品有问题了。

我的父母曾给我买了健康保险，保险期满需要续约的时候，保险公司的推销员上门向我鼓吹定期体检的好处，然后“好心”介绍我去“专家门诊”。那个医生自然也很配合保险公司，指出我身体存在诸多问题，强调买保险可以免去后顾之忧。

就这样，我被他们的联合表演欺骗了，续约保险以求心安。然而就在签约结束，保险推销员走出我的家门后，我听到了他高呼“太好了”。后来反应过来这一切都是骗局的我深感震惊，一个人做了损人利己的事，怎么可以不愧疚，反而那么扬扬得意呢？

有报道称，现在许多老年人使用的手机大多都附带高额套餐，然而大多数老年人明显不需要这么高费用的套餐。那些昧着良心向老年人推销手机的人，他们做这份工作时又能感受到多少意义呢？

我有一次去家电市场买相机，销售员竭力向我推荐某款相机，称“这款相机非常好用，我自己也有一台”，我心想那真是不错的相机，于是买下了。但当妻子也要买相机，我和她又去到那家店的时候，那位销售员走到了妻子面前，指着一款其他型号的相机介绍道：“这款相机非常好用，我自己也有一台。”

或许是销售员为了了解商品性能，自己购入了许多台，毕竟我自己就有好几台。但她也很有可能单纯为了卖相机，不惜把个人生活都当作了销售话术。

为了生活而工作

如果工作对他人没有丝毫贡献，就不可能长久维持下去。正是对他人有贡献，工作才会有意义。

人不是为了工作而工作，而是为了生活而工作，通过工作体验到生活的意义，有了生活的意义人才会幸福。

退休后有了大把时间的老人（在日本现在很少有人能做到这一点），出于兴趣去商店购买人们口中很高级的单反相机，如果你是销售员，你会怎么做?

如果能先向老人推荐具备较高拍照性能且比起单反相机划算许多的智能手机，耐心介绍现在的智能手机具备储存一万张相片等特点，当对方表示还是想要购买单反相机时，再向其推荐适合的商品，这样做或许会少掉许多单反相机的大单子，但这样工作才是有趣、有意义的。

我在电视节目上看到，一位七十岁的男子失去妻子之后，表示“工作怎样都无所谓了”,从中可以看出他有多么深爱自己的妻子。

也就是说，人的一生中有比工作更重要的东西。我们当然需要工作，但是如果为了工作牺牲了其他重要的东西，那就无异于捡了芝麻丢了西瓜。

人工智能不是神

网上书店对于我这种住在郊区的人来说十分方便，储存了海量信息的网络平台使用了计算机算法，时常能推荐我喜欢的书，让我感到惊喜。当然也有一些书是和我根本不搭边的，但经过几次合适的推荐后，我相信一些人会把挑选的工作交给聪明的电脑。

对于这些人来说，在大数据的算法问世之前，杂志、报纸上的书评或者畅销书排行榜曾是他们购书的重要参考，从这一点来看，电脑就只是取代了纸质报刊而已。

真正喜欢读书的人不会管别人的意见，只钟情于自己的选择，毕竟畅销书排行榜上的书不一定就是好书，反而当自己发现了一本“名不见经传”的佳作孤本时，那份喜悦感与满足感才会加倍。

有些书读了之后才发现没意思，但却能积累读书的经验，而抱有功利主义读书观的人就会完全依赖大数据的算法。没有人愿意花时间去读一本无聊的书，更不用提付出金钱。但正因为读了无聊的书，才知道自己喜欢什么样的书，这是读书的必要过程，不要舍不得、怕麻烦。

如果领导者制定管理政策的时候也完全依赖计算机，想想就令人不寒而栗。因为当领导者自己也无法理解计算机给出的政策时，出于对高科技的盲目崇拜，直接不加判断、研究就签字盖章，这样一来，计算机、人工智能就变成了21 世纪的“神”。

不必恐惧人工智能

所以，人们一定要对计算机的结论加以判断，切不可囫囵吞枣。这听起来很好理解，但现在许多判断过程被完全黑箱化，隔离于社会关系之外，导致风马牛不相及的结论也会被人们奉为金科玉律。

无论科技如何进步，计算机都永远不能取代人类进行生命活动。虽然现在人工智能可以进行写小说等创造活动，但它们无法代劳人类所有的创造活动。

人工智能不是威胁，我们面对的仍然是人类世界的问题。许多人恐惧人工智能，担心有一天机器会支配人类，于是坚决抵制；也有些人走到另一个极端，相信人工智能可以解决人类世界的全部问题。

人们感到恐惧的原因是认为电脑与人脑相比，前者更聪明、更先进。

如今，医疗与人工智能结合正快速发展，许多医生开始用人工智能来辅助诊断。对此，一些人表示支持，相信人工智能诊断的精度更高；但也有人表示将自己的身体甚至生命交给一台电脑，实在是不靠谱。人工智能辅助下的医疗诊断责任归属尚没有明确界定，我们需要思考以下这些问题。

在实际的医疗现场，医生给出的诊断不一定是准确的，他所推测的存活时间也仅供参考。因为人生具有巨大的不确定性，如果人工智能连“还能活多久”都能给出准确的答案，那么被宣告死期的人就很难感受到希望了吧。

当然也有好奇的人，他们的心态就和爱好占卜运势的人一样。然而占卜并不准确，假设人工智能能做到百分百准确，哪年哪月哪日去世都能告知得清清楚楚，留给当事人的只会是绝望。

充满随机性的“人”

器官移植等医疗课题也面临着同样的问题，不能因为可以做就去做。假设技术层面不存在问题，人工智能被用来辅助诊断还可以被勉强接受，但是用来宣告存活时间的做法就存疑了。

前文提到的对人工智能感到过度恐惧或乐观的人，其实他们都把“人”看作了“物”。

手里握着石头，一松手石头就会掉下，这是百分百确定的事件，但人下一秒会做什么却无法预测，因为人是有自由意志的。

如果不承认人的自由意志，那么人无论做什么都不是自我选择的，所以不需要为选择负责。今天在围绕人工智能的许多讨论背后，人的自由意志仍然不被承认，人仅仅被看作一种物品。

如今，数字科技可以让死去的人以数据的方式“复生”。具体而言，就是通过深度学习，收集去世之人的过往数据，模仿他的讲话方式、表情等，看上去去世之人真的又回来了，让在世的亲人感动不已。

相信人工智能可以让死人“复活”的逻辑里，同样不承认人的自由意志，因为在这种情境下，人不过是计算机制造出来的“机器”，输入过往的数据就可以实现“死而复生”。

但是，人的存在本来就不由其他事物决定，无论过去经历了什么，无论现在面临着怎样的处境，过去和现在都无法定义我们。无论处于多么困难的境地，我们都可以决定自己要做什么，这也是人的尊严所在。

我的担忧是，如果人工智能制造的虚拟歌手可以在舞台上完美呈现出原版歌声、表演，做到以假乱真的话，某些死去的人会不会被别有用心的人通过人工智能“复活”，借此发表观点，而人们很有可能不加判断地照单全收？但实际上那不是死者在说话，是其他人在“借”他说话。

退休后
不变的“我”

现在许多退休老人老当益壮，我的父亲就是如此，他 55 岁退休的时候，身体状态仍很年轻。

实际上，父亲退休后又继续工作了 10 年。他们那一代人退休后能自主选择是否继续工作，现在看来真是幸福。如今的日本人则是退休后领不到足额的养老金，不得不又出去工作，这与退休后发光发热、寻找价值的上一代相比简直是天差地别。

现在，退休年龄被一再推迟，养老金也越发越少，许多日本上班族对退休生活感到深深的不安：退休后如果不工作就没有饭吃。现在的情况已经不是退休后想不想工作，而是愿不愿意都必须工作。

当然，在退休后工作的人中，还是有热爱工作，甚至视工作为生命的人，他们觉得工作的时候是最幸福的。

工作的目的是幸福

日本政府打着“创造一亿活跃人口”的旗号，实质就是推迟退休年龄，没有考虑日本民众的选择。

一些人因为生活所迫退休后继续工作，但是工作的目的不应该仅仅是维持生计，就像前文说过的：人活着必须呼吸，但不能说人活着就是为了呼吸。

不知从何时起，人们已经将工作自我目的化，忘记了工作的目的、目标，每天就是为了工作而工作。工作的目的是幸福，如果勤奋工作的你感受不到幸福，就需要转变工作方式了。这和从事什么工作没有关系，也和薪酬的高低没有关系，收入高不代表就能满足。

许多人认为工作赚钱是人生价值的体现，这种观点是错误的。因为顺着这个逻辑，等到退休不再工作，也没有高收入的时候，人就失去了价值，所以这显然是不合理的。

退休收入是必须有的，日本政府号召民众不依靠养老金，靠工作养活自己的观念是站不住脚的。因为有些人退休后即使想工作，也会因为缺少岗位、身体原因等无法工作。

但是，不工作不代表没有价值。如今的价值观认为，生产性高、效率高、经济性强的工作与生活方式才是理想的，而这恰恰是当前社会退休、工作中所有问题的根源。

因此，即将退休的人们需要思考，人的价值在于生产、在于创造的观点是否正确，需要为退休生活做好什么准备。

退休的转折点

寻找自身的价值不局限于退休，这是一生的功课。如果认为工作才有价值，那么当无法工作的时候，价值就不复存在了，这个道理不需要等到退休就可以明白。那么我们要怎样寻找退休后的人生价值呢？

有一种观点是，退休后从其他事物中寻找价值，比如培养兴趣爱好。但是，由于退休后生活会发生很大变化，甚至产生落差，许多人一时无法接受，于是急于寻找工作的替代品，勉强自己把他人的兴趣爱好当成自己的。

还有一种观点是，退休后仍然从相同的事物中寻找价值。人有可能还没等到退休就因病无法工作，这一点不用等到人躺在病床上就能明白，等到那个时候，就算是从没思考过人生的人，也会认真思考自己的价值和生活的意义。

自己的观点是否正确，验证的节点就在退休时。对于那些认为工作、收入就是价值体现的人，还有担心今后无法继续工作的人来说，退休无疑是人生低谷的开始。

不过，不管退休后的落差、打击有多大，都比不上疾病带来的切肤之痛，毕竟疾病有可能威胁生命。这也就是为什么生病会成为许多人转变观念的契机，而退休后的生活虽然令人苦恼，但有的人依然会不为所动。

人的观念是不会轻易转变的，往往要体验过生死，才懂得人的价值在于生命本身。

患重病住院时，我收到了之前写的一本书的校正稿，病重的我本可以不再工作，只需将实情告诉出版社即可，但我却隐瞒了这一点，告诉编辑我会想办法按时交稿。因为在别人眼中我已是“将死之人”，我对工作也不抱任何期待，但没想到还会有工作邀约，这让我重拾了信心。

母亲因脑梗死住院的时候，我没去上学。在医院陪床的漫长日子里我深深思考了人生的意义、人的价值等，我明白了世俗的价值对于病床上的人来说显得格格不入，只不过是一纸空谈。

可即便如此，徘徊在生死线上的我依旧被生产性的观点支配，渴求从工作中找到自己的价值。

不要以生产性评价人

在我看来，人感到自我价值的时候就是对他人有所贡献的时候，而贡献不仅指工作。

婴儿来到世上，他只要健康活着，能哭能笑，就会给他人带去幸福。同样的道理，我们每个人只要活着就是为他人做贡献，令他人幸福。

虽然退休之后，不能再像从前那样工作，但是没有关系，活着就是在对他人做贡献。我生病住院的时候，一度不能接受自己瘫痪在床的事实，但是家人和朋友们前来看望我、鼓励我，为我的存在感到喜悦，那一刻我明白了活着就是对他人做贡献。

从劳动生产性的角度看，日本是发达国家中相关指标最低的，但是，从经济指标来评判国家优劣的做法已经明显落后于时代了。当下的年轻人如果能够摆脱成人世界的刻板期望，活出自我，那么社会的一角就会发生变化，终将重塑整个社会价值观。而推进时代进步的重任不仅落在年轻一代身上，退休后的老人们也是不可或缺的力量。

没有钱
也能活

有些人深信钱可以买到一切，包括幸福。殊不知，唯有摆脱这种想法才能获得真正的幸福。

我这样说，肯定会有人反驳说没有钱就无法生存。现实也的确如此，但真正成问题的是“有钱能使鬼推磨”的观念，这从根本上看就是虚荣心在作祟。

阿德勒曾说“为了得到某物，获得优越感，虚荣心能神奇地激发出人的力量”。他还认为“虚荣心就是上方的目标，这个目标能对比出自身的不完整，驱使人们追求能力范围外的事物，要做得比别人更好”。

“上方的目标”就是“优越感”，人们为了更优秀而努力；“追求能力范围外的事物，要做得比别人更好”的心态就是虚荣心，即不做真实的自己，而是追求更高层次的自己。

积极上进没有错，问题出在虚荣心。“对比出自身的不完整”，换句话来说就是催生出了“自卑感”。

许多人想要赚大钱，正是因为自己受到了贫穷的种种束缚，才对金钱产生了强烈的执念，认为没有钱就没有人生价值，也会歧视其他没有钱的人。他们将自己生活的不如意、不自由都归咎于落后的物质条件，而且不愿意向自己或者外界承认自己这份虚荣心。

他们想要通过赚钱来装点门面，过上让人们羡慕的生活，但这只是错觉。

虚荣心是幸福的对立面

我曾听说有人去银行，要求窗口的工作人员拿出账本借阅。银行里成堆的钞票对于一般人来说具有巨大的诱惑，但银行的工作人员每天经手数十万、数百万的钱，他们也没有为之所动。

俗话说钱不是万能的，例如结婚，就算是家财万贯也不一定能得到心仪之人。

曾经有个初中男生和我分享了他的人生计划，他想考上名牌大学，毕业后去一流企业上班。他的学习成绩很好，所以我相信只要他努力，这些计划都可能实现。但当多年之后再次见面时，我发现他的人生和之前的规划相去甚远，因为他更改了目标，他想 25 岁就结婚。

一个人是没有办法结婚的，只有喜欢的人也愿意和自己在一起才可以。但是为什么他相信自己一定能结婚呢？因为按照他的计划，到一流企业上班，能够赚很多的钱，这样想和谁结婚都可以。毕业，工作，下一步就是“结婚生子”了。

接受过现代教育的人都明白，人生伴侣不是由金钱、社会地位等条件决定的，但在那个初中生的眼里，钱就是通向成功和幸福的护照。

幸福和钱无关。认为有钱就会幸福的人正受到金钱的束缚，就算他们变成百万富翁，也会整日担心钱还在不在，还会固执地追求更多的钱。

这就像投资股票的人，他们从早到晚都在关注股价的变化。如今上网就可以随时获得市场信息，但过去股民们只能整天守在收音机旁边，跟踪股市的动态，搞得自己每天心神不定，结果也往往是竹篮打水一场空。

认为金钱和地位挂钩的人，在赚钱之后会性情大变，与他人的关系也会发生变化。正直善良的人遇到这种情况，自然会选择远离。但也有前来巴结的人，他们为的是钱而不是人，所以当对方没有钱的时候，他们会再次离开。比如发财之后，有许多亲戚朋友来借钱，虽然借钱不是义务，但如果不借就会被别人瞧不起，关系也会产生隔阂。

不只是钱，有些人会为了各种利益去接近其他人，一旦自己无法获得利益又会立刻离开。这就是为什么有些人穷的时候没人搭理，一旦有钱了，八竿子打不着的亲戚都前来联系，他们就是为了钱才靠近的。

如果能意识到这一点，说明还有救，就怕有些人不明白别人接近自己是另有目的。钱本身没有罪过，错的是怎么用钱，这会导致人际关系的变化。认为有钱就能幸福的人，当有了钱后会发现自己其实并不幸福。

思考了这些问题后，我反倒觉得无欲无求、一无所有才是幸福。如果没有钱，就不会有人前来巴结，也不会对人际关系造成影响，还不用担心有一天自己会没钱。

哲学家与金钱

从古至今，人们都认为哲学家应该一贫如洗，这确实不假。和之前提到的初中生不同，我小时候的梦想是学习哲学，当我把这个想法告诉父亲时，遭到了他的强烈反对，最主要的原因就是他认为学哲学赚不到钱。当然这只是他的猜测，但哪个父母会希望孩子将来过得节衣缩食呢？在他看来，金钱是幸福的条件。

但不是所有的哲学家都是穷人，古希腊哲学家泰勒斯就是例外。有一次他推算得知第二年橄榄会大丰收，于是提前将市场上的榨汁机买光。第二年夏天到了，人们为了制作橄榄汁到处寻觅机器，这个时候泰勒斯将机器高价售出，一夜之间变成富翁。泰勒斯并没有因此感到骄傲，他只想用此证明：赚钱很容易，我志不在此。

还有一位苏格拉底流派的哲学家第欧根尼，他将生活的需求维持在最低限度，过着自给自足的生活。有一天，他在小河旁边看到一个小孩用手捧着水喝，他发出了“我居然输给了一个小孩”的感叹，于是他连背包里的水碗也丢掉了。从他的观点来看，如果我们还拥有物质，那就不能做真正的自己，只有做到一无所有（没有钱或者社会地位），才能拥有自己。

有的人虽然物质上十分贫穷，但是心灵却是富有的。相反，吝啬之人才是心灵最为贫穷的人，而很多人正是有了钱才变得吝啬。

我每次听加藤登纪子的《偶尔聊聊过去》，都会回想起清贫的学生时代，虽说不至于像歌中唱的那样睡马路边，但也过得十分艰辛。即便如此，我还是坚强地走了过来，从没因为经济拮据而感到不幸。

震惊全日本的随机杀人犯永山则夫在东京、京都、函馆、名古屋等地屡屡犯下杀人罪行，他说自己是出于无知和贫穷才走上绝路，但是认识他的人说道："可我们大家都很穷。"

社会的贫穷、时代的闭塞有可能让人误入歧途，但生活在这种环境下的大多数人都是正常的。不是所有贫穷的人都感到不幸，也有人过得很幸福。

钱带来的是成功不是幸福

"钱能买到幸福"的观点只是一种执念。因为现在没钱所以感到不幸的心态，阿德勒称其为"自卑感"。

"因为 A（或没有 A），所以没有 B"这样的简单逻辑常常被人们使用。

有些人明明有能力改变现状，但却给自己打上“没有钱所以不幸”的标签，放弃尝试和努力。这样的人有了钱会不会幸福，我们无从得知，但是钱带来的只会是成功，不会是幸福，因为幸福没有附加条件，幸福不需要有钱。

我每天都要吃药，但我不是为了吃药而活着。赚钱也是一样的道理，人活着不是为了赚钱。

榨取
人生价值

近日，媒体报道东京奥运会组委会（以下简称“东京奥组委”）要求志愿者无偿工作，甚至住宿和一日三餐也要自己负责。志愿者付出了劳动却得不到相应的报酬，令人感到不可思议。奥运会如今已演变为赞助商之间的商业比赛，无数企业借机大赚特赚，可为什么对志愿者连最基本的住宿、三餐也不提供呢？阿德勒称这样的行为是“榨取共同体感觉”，东京奥组委正是利用了全世界志愿者的善意。

志愿者的本意是“自愿的人”，但绝对不是无偿工作的意思。有些人觉得如果领了报酬就不叫志愿者，尤其是志愿者领钱、给志愿者发钱都是有违道德观念的行为。

我经常去各地演讲，曾很多次碰到不谈费用的邀约。如今我为了避免麻烦，都通过经纪人与对方沟通，但在过去单独面对这种无理要求的时候，也产生了很多冲突。有些公司用自家的产品当作演讲费支付，给出的理由是拿钱太俗气、没礼貌。

我也有过犹豫的时候，那就是面对个人邀约，尤其是认识的人发出邀请时。虽然一开口就谈费用会搞得像谈生意一样，怕被别人嫌弃，但是如果不这么做，到最后利益受损的永远是提供服务的一方。

要求服务的一方会以公司有费用规定为由不留交涉的余地，他们在交涉前就制定规定，然后以规定就是规定，他们也没有办法的借口逼迫另一方妥协。举个例子来看：有个人去商店买东西的时候，对收银员说“在我家这样的点心就值 10 块钱，所以我就给你 10 块钱”。

如果购买方觉得价格高了可以不买，但轮不到他们来决定商品的价格。这个道理三岁小孩都明白，但现实中却随处可见这样的霸道行为。

在日本给政府部门做演讲，他们支付的费用很少，但考虑到影响力我不得不接。工作的选择不可能一直合理，有时就算条件不好也会接受。

不只是演讲，我还为出版社写书，对方给出的条件也不总是尽如人意。我提出我的要求，如果对方无法满足那我自然会拒绝，但有时也会综合考虑稿费、版权费等再做决定。

我听说有位作家会拒绝九成的工作邀约，但是大多数人做不到这一点，就像上班族们为了生活，根本不可能拒绝工作一样。

但是，不管从事什么职业，如果什么工作都全盘接受，那么总有一天所有费力不讨好的工作都会压在头上。为了生活做一份自己根本不愿意做的工作，那么每一天都是痛苦的。

工作不只是为了活着，如果工作不能让人感到满足、幸福，那么就没有意义。

劳动时间无法衡量工作本质

在这里需要思考几个问题。

第一个问题是，报酬不是支付给劳动时间的。有一次我家的电视机坏了，我请来修理工，来了两个人折腾了两个小时，也没把电视机修好。过了几天，我收到了按小时计算的维修账单，我惊讶不已，因为如果他们只花了五分钟就把电视机修好，那我会支付足额的修理费，但是他们花了很长时间却没有修好，所以我拒绝支付费用。

报酬是支付给知识与技术的。医生如果一直用同一套话术应付不同患者，短短几分钟就结束诊疗，患者是不会满意的，而不满意的理由并不是诊疗时间过短。

去医院看病很费时间，不仅是接受医生诊疗的时间，还有去医院途中的时间、排队等待的时间。人们付出了大把的时间，如果诊疗前后没有任何变化，那时间都白白浪费了。当然诊疗后不会立竿见影地改善症状，但比起那些不听患者想法，总是拿相同处方糊弄人的医生，电话、网络的医疗咨询服务则显得更有用一些。

这和我家修电视机是一样的道理，只要把电视机修好我就会满意,但如果没修好,不管对方花了多少时间,我都没有必要支付费用。

身体不舒服去看病，如果医生能准确快速指出哪里出了问题，并且给出对应的治疗方案，即使整个过程只有一分钟，患者也会高高兴兴把费用给交了。当然，实际情况中，诊断疾病往往需要做很多检查，但如果能检查的地方都检查了，跑了几次医院还是不知道究竟是什么毛病的话，就会造成极大的困扰了。

向知识和技术支付报酬是理所当然的。然而有些人总是仗着自己是朋友或亲戚来要求服务提供方给出“优惠价”，如果对方出于对专业的坚持拒绝了这种要求，人际关系就会产生摩擦，还会被人说连朋友或亲戚的面子也不给。

人们对知识与技术的价值缺少正确的评价，比如有朋友请我作一幅画，我很快就完成了，朋友却说既然没花多少工夫那就便宜一些。他们不知为了做到快速与熟练，我为之付出了多少时间，我完全有资格要求他们支付相应的费用。

做翻译也是一样的道理，要做到翻译得又快又好，前期就要花费大量时间学习语言文化知识，这值得相应的报酬。然而有些人却觉得人工翻译太贵，还不如用机器翻译。且不说机器翻译是否能达到标准，首先这样的人根本就不懂翻译是什么，更不知道其中的难度与辛苦。

关于翻译我还想强调的一点是，专业知识的积累与完成翻译所需的时间不存在绝对的关系，不是说知识积累越多翻译就越快，许多从事翻译工作多年的专家为了呈现完美的作品，会花费大量时间打磨润色。

第二个需要思考的问题是，医生给患者看病，报酬不仅支付给了医生的知识，还支付给了基于知识的治疗过程，从广义来看，是医生对患者做出的贡献得到了回报。

医生用知识对患者做出贡献，不同职业也有着不同的贡献方式，但所有的贡献都理应得到回报。

理应为志愿者支付报酬

然而，志愿者却被遗忘在了视野之外。人们报名当志愿者不是为了钱，而是为了助力东京奥运会的成功举办，其中也不乏分文不取之人。但是，他们的善意以及贡献正在被无情地压榨。

灾害发生的时候，志愿者一呼百应，向灾区逆行，这时的团结互助就显得尤为重要，但有的人却抱怨志愿者人数不足。我认为，所有在灾区服务的志愿者都是高尚的。

既然志愿者的力量不可或缺，那么就应当向其劳动支付相应的报酬，毕竟其中很多人还有本职工作，是请假来做志愿服务的。

无论什么工作，光有热情是不够的，但如果没有热情更是无从开始，保障志愿者的各项权利、福利，无疑会激发更多人参与志愿服务的热情。

国家之所以鼓励、依靠志愿者并不是因为缺乏财力，其原因很复杂，我能想到的一个，就是创造出全国上下团结一心的整体感。

人与人之间不再对立，而是沟通联系，这一点的重要性毋庸置疑，但这应该是个人自发的行为，不是强制的结果。3·11 日本地震后，“绊（羁绊）”这个词被频繁使用，羁绊也好，热情与贡献也好，都不应该是强制的结果。

人生
不是战场

阿德勒将贬低他人，相对性地提升自我价值的做法称为“价值消减倾向”。为了不让下属看穿自己的无能，上司就会在“副战场”又或者是“第二战场”贬低下属的价值。与之相对应的“主战场”“第一战场”就是工作的职场，在这里人们必须通过竞争获得生存的空间。

但是，随着时代的发展，这样的观点已经不再是不可置疑的准则。不仅是工作，人们在每一个方面都在竞争，公司之间抢订单、抢份额，个人之间抢入学、抢入职机会，在竞争中获胜的一方被人们视为成功者。但是，竞争中的成功并不意味着幸福。

名义上的正义是战争的开始

前文提到过，所有争执都始于将自己与他人进行区分，而看似寻常的竞争终将引发战争。

战争的产生需要两个条件，首先是正当的理由。加藤周一对此说道："所谓'正义的战争'，只不过是为了将人们的注意力从战争转向正义，消解人们对战争的厌恶，将战争正当化，以期获得民众的支持，但是正义与战争两者本就无法相容。"

所以人们需要认真讨论"正义的战争"究竟是否正义，正义又究竟是什么。

阿德勒在书中写道，就算意图是好的，战争和死刑仍将对后世的共同体感觉造成持久性的损害。有些人认为战争和死刑不存在好的意图，但也有些人认为，正义的战争、自卫战争是出于"好的意图"。

柏拉图说："所有的战争都是为了掠夺财富。"

据《理想国》记载，关于战争的起源，苏格拉底在对话中也表明了同样的看法。这段对话发生在伯罗奔尼撒战争时期，那时雅典与斯巴达正在厮杀争夺希腊的霸权。

“战争起源存在于城邦中那些导致罪恶的事物中，无论是公共的恶还是私人的恶。”

“人们为了获得足够大的耕地和牧场，势必要掠夺他国的土地，随后无限制地追求财富，除此之外的都是掩人耳目、平息民愤的借口。”

也就是说，发动战争需要一个正当理由。热衷掠夺的国家为了掩盖“掠夺财富”的真实目的，名义上的“正义”成了它们的惯用伎俩。蓄意发动战争的势力始终在寻找将战争正当化的理由。纵观人类历史，众多高举“正义”旗帜的战争发动者，最终只是为少部分人带来利益，何来正义可言。

加藤周一还说道：“作为一种极其复杂的现象，战争的必然性只不过是表面上的，它有许多人为的条件，无法通过严密的因果推论进行理解。反对战争不是科学家认识层面的问题，而是关乎人类价值的问题，因为没有人能忍受每天都有孩子死于炮轰之下，这不是问题的结论，而是出发点。”

西方国家口中对军事基地的战略打击一定会造成“误伤”，但既然是正义的战争，那就不应该存在“附带的伤害”（collateral damage），无辜平民尤其是孩子们的死不能轻描淡写一笔带过。

世界上的确存在真正的正义，只不过有人为了谋求自身利益，将正义扭曲为各种话术，令其为自己服务。我们必须发声反对一切建立在虚伪正义之上的战争。

我们已经看清了战争的现实，但这还不够。蔑视正义也是一个严重的问题，因为对正义的绝望会让人们陷入虚无主义，这一点我将在最后一章中具体说明。

“战”疫不是人和人的战争

新冠肺炎疫情在日本暴发之后，许多民众认为我们将和新冠病毒进行一场旷日持久的战争，不知道何时才能将其消灭。敌人是产生战争的第二个条件，没有敌人就不存在战争，所以病毒就变成了敌人。在对病毒缺乏理性认识的早期，不幸感染的民众不免被舆论讨伐。就算再仔细小心，病毒仍然防不胜防，于是感染者成了众矢之的，被迫承担本不属于自己的责任。这完全没有必要，他们只不过是疫情中的牺牲者。

那么为什么强调"'战'疫不是人和人的战争"呢？是为了减少人群中的对立，消除健康民众对感染者的敌视心态。抗击疫情需要全人类戮力同心，此时正是考验人类共同体的时候，有必要避免将感染者等同于战争对象。

伊坂幸太郎在小说中写道，美国人一直试图剥离"战争"的消极语意，从许多例子来看确实如此，比如"艾滋病的战争""贫困的战争"等，实际上却将战争的对象延伸到人的身上。美国人将战争与正义色彩相结合，是为了在发动真正的军事战争时，更容易获得民众的支持。

所以，我们强调"战"疫不是人和人的战争，不要将感染者放在健康民众的对立面。认为是感染者传播了病毒，对感染者产生仇恨与愤怒，又怎能团结一致，凝心聚力消灭病毒呢？

日美战争时期，日本政府为了激起广大民众对素未谋面之人的仇恨，打出了“鬼畜美英”的口号，妄图让所有民众都对美国人抱有仇恨和愤怒。

阿德勒针对仇恨与愤怒，有如下表述：“仇恨是在愤怒爆发时产生的较高程度的情感。”

愤怒会使人与人之间产生隔阂，人面对愤怒的情感时，自然不会产生亲近的想法，而一旦人际关系中的心灵被隔开，问题就会变得棘手。正因如此，建立在仇恨、愤怒情感上的战争便无法解决真正的问题。

Chapter 05

第五章

我们的力所能及

就现在而言，大家无法确定疫情何时才能结束，假如只给自己灌输“没有黑夜不会过去”“黑夜过后一定是黎明”等心灵鸡汤，是没有作用的，因为改变不是等来的。

如果走在森林中，前方的路被迷雾笼罩，切不可原地踏步，要大胆迈出步子。但也不能盲目向前，天真地以为一直走总会找到出口，结果很可能是走出了森林却要面临新的困境。

许多人认为只需要等待，危机自然就会解除，但是就算疫情结束，疫情中暴露出来的存在已久的“顽疾”在将来还会带来更大的危机。

现在以及今后，我们能做些什么？

走出价值相对主义

价值相对性的讨论从古希腊时期就开始了，诡辩论代表普罗泰戈拉主张“人是万物的尺度”。某种食物是否好吃、辣不辣都只是个人的主观判断，但这种食物对人体是否有益并不属于主观判断。

比如，了解“美”的含义后，我们在看到某个事物后就可以判断它是美的还是不美的，但这个判断并不适用于所有人，也不适用于所有情景。简而言之，我觉得美的别人不一定觉得美，过去觉得不美的，现在也许会觉得美。另外，我们现在感叹“好美”的事物在与过去的经历对比后，就显得不那么美了，例如，我们会被初次见到的景色所触动，会在第一次见面时就被他人夺走了心。

什么是“理念”？

眼前的事物是否美，在判断的过程中，有一种先验性的抽象事物在起作用，柏拉图称其为“理念”（idea）。

用“美”的例子来看的话，柏拉图认为美是理念，不是具体事物。换句话说，我们之所以会觉得某个事物美，是因为思维中美的理念在现实中得以感性显现，与眼前的具体事物吻合了。

厘清概念就留给专家，对普通人来说，最重要的是不要把理念与现实混为一谈。世界上许多东西都有理念的影子，都会让人联想起理念，但随着对理念认识的不断深入，我们就能将理念与客观事物区分开。理念与现实的混淆只会把人带入盲目的偶像崇拜。

苏格拉底有一个知名悖论是“无人自愿作恶”，但这世上真的没有想要自愿作恶或求恶的人吗？现实生活中有些人明知许多做法后果极其严重，但依然故我，明知故犯。那么该怎么理解这句话呢？

这句话中所使用的“恶”以及相对的“善”不是指道德层面的评价，而是分别对应“对自己无益”与“对自己有益”。

在此基础上，我们再读“无人自愿作恶”，就会发现它指的是“没有人会自愿做伤害自己利益的事情”以及“每个人都自愿做对自己有益（善）的事情”。这实属人之常情，所以就不再是悖论了。

这句话中的善与恶不是主观决定的，而是普遍、基础的认识，柏拉图就以此为论据反对价值相对主义。

柏拉图认为，无论是国家的正义还是个人的正义都可以用真正的哲学加以理解、实现，人们必须推进政治实践与哲学观点的融合，使哲学家与领导者融为一体，这样个人与国家才能更好地发展。

柏拉图之所以高唱政治哲学理论，崇尚“哲学王”，是因为他预见了民主有陷入虚无主义和无政府主义的危险。

三木清这样说道：“如果不希望看到独裁，那就必须从内向外克服虚无主义。然而我国（指日本）的许多知识分子虽极度厌恶独裁，但自身却深陷虚无主义，无法自拔。”

为什么深陷虚无主义容易被洗脑？

人如果已经形成了牢固的价值观，再植入新的观念是很困难的，但如果是在什么都没有的虚无主义的基础上，植入什么观念都很简单。人们应当保持清醒，不能陷入相对主义的陷阱。绝对化的价值是存在的，这虽然是很难达到的认识高度，但是我们应当努力追求。

新闻中曾有高学历年轻人加入邪教后砍伤他人的报道，为什么接受过高等教育后还会迷信教条，任其摆布？不假思索地犯罪正是深度洗脑的结果，换句话说，他们无批判性地接受了所有内容。

不只是邪教团体，如今的一些企业也会对年轻人洗脑，告诉年轻人就算大学什么也没学到也无所谓，他们会从零开始辅导。这看似是悉心培养人才，实则是在制造机器人，有些企业不希望年轻人有自己的想法。

日本民众每天也是如此，接受着政客们的各种花式洗脑。

现在就
可以行动

无论在哪个时代，总会有许多人对自己的问题视而不见，对他人的问题指指点点。我在前文已经引用过阿德勒的这句话："仇恨的情感并不总是直截了当的，有时候会戴上面纱，以更复杂的形式呈现出来。"

批评态度是不是阿德勒所说的"更复杂的形式"尚无定论，但阿德勒一针见血地指出了其仇恨情感的本质。阿德勒还说过："仇恨是在愤怒爆发时产生的较高程度的情感。"无论是仇恨还是愤怒都会"疏远人与人的关系"。解决问题必须要拉近距离，但批评、愤怒甚至仇恨只会把距离越拉越远，无法解决问题。

愤怒只能把距离拉远

人们责骂下属员工或孩子的时候，都认为通过表达愤怒的情感，对方可以意识到问题的严重性，然后严肃对待，但这往往适得其反，对方即使改正了行为，也只是出于恐惧的心理。这个办法能立刻制止错误行为，但不会长期有效，同样的问题今后还会反复出现，而如果采取正确的教育方法，就可以实现标本兼治。

要想真正解决问题，就必须改变从前的方法，不能刻意追求立竿见影的时效性。要付出时间与耐心，切忌意气用事出口伤人，而要用理性的语言寻找应对之策。

人与人之间如此，国与国之间也是如此。面对复杂的国际关系，有些人煽动民族仇恨，灌输民粹思想，大力鼓吹名义上的正义，试图用暴力解决问题，这无异于饮鸩止渴。国与国之间有必要尽可能地通过外交途径平稳妥善地解决问题，避免冲突进一步升级。

无论是在国际谈判桌上，还是在日常人际交往中，我们都应该控制住情绪，用冷静的沟通化解矛盾与问题。

此外，我们还需要警惕戴着面纱的“批评态度”，它和单纯指出不足的“批评”不同，前者隐藏的仇恨会伤害人际关系。在生活中，我们必须学会与持有不同观点的人共处，观点的相异不影响对方为自己提出建设性的意见。

那么如何才能不受情绪的支配，做出合理的批评呢？首先，批评应该对事不对人，关注的点不是“谁做的”，而是“做了什么”。如果是对方的发言有问题，那么就要就事论事，就言论发言，切不可借题发挥，评价发言的人如何。对事不对人，就不会给情绪留下滋长的空间，自然也不会出现错误的“批评态度”。

或许会有对方油盐不进，不能理性接受批评的情况，但是精诚所至，金石为开，当他看到我们所做的一切是为了他而不是为了自己时，就会做出改变。

在坏人的眼里，恶才是善，恶才对自己有利，屡屡得手不思悔改。有些人将谎言挂在嘴边却能大行其道，试想不断用谎言赚取利益的他们怎么可能会开口说真话？但是，一旦他们意识到这么做终将失去支持，就会改变自己的态度。

所以，我们的终极目标是给这些人上一节课，让他们明白：建立在虚伪正义之上的暴力不过是伪善，人们追求的是真正的正义，真正的善。如果每个人都明白正义与善的统一才是最大的利益的话，就不会相信虚伪的正义，而是追随真正的正义。

现实世界还远没有实现真正的正义，也许今后也很难实现。而真正的正义是什么？就算现在得不到答案，我们也要坚持追问下去。

人生重要的事情

笛卡儿曾说过，在森林里迷路的旅客决不能胡乱地东走走西撞撞，也不能停在一个地方不动，必须始终朝着一个方向尽可能笔直地前进，即便不能恰好走到目的地，至少最后可以走到一个地方，总比困在树林里面强。

不停留在一个地方，而是笔直地向前走，人们需要一个方向，对此笛卡儿留下了耐人寻味的句子："在行动上尽可能坚定果断，一旦选定某种看法，哪怕它十分可疑，也要毫不动摇地坚决遵循，就像它十分可靠一样。""无论自己的看法有多么可疑，都要坚持到底。尽管这个方向在开始的时候只是偶然选定的，也不要由于细小的理由改变方向。"

但是如果按照笛卡儿所说，我们随机朝着一个方向直走，就一定能走出森林吗？如果走出了森林发现面前是悬崖，脚下是深渊，又该如何选择？面对人生迷途，我们必须找对方向。

事不关己也不能高高挂起

首先，我们必须要改变过去的观念：老年人或病人对生产没有贡献，因此被视作没有价值的存在。那些认为老年人和病人是社会负担的人，绝对没有想到自己也会有年老体弱的一天。

现实中，有许多人面对他人的难题，选择事不关己，高高挂起，将自己放在安全区之中，以评论家的口吻冷酷评价他人的遭遇。

但是面对凶猛的病毒，没有人是绝对安全的，也没有人是局外人。如果将自己置身于事不关己的安全区之中，就无法换位思考，与病人共情。

其次，我们必须明白人生的目标不是成功而是幸福，人的幸福和将来能达成什么目标无关，幸福就在此时此刻。更多的人意识到这一点，世界就会发生巨大的改变。

我
首先是人

让我们再把视角放大一些。

福岛核事故带来的影响至今还在持续波及全球，有些人却认为核事故只是日本国内的事情，和外国没有关系，但结果显示受核污染的水和空气已经影响了其他国家。

当下的新冠肺炎疫情同样不是“国难”（national crisis），而是“国际灾难”（international crisis），只要还有一个国家的疫情得不到控制，全世界人民就都处在危险之中。面对这些问题，人们必须超越国家的界限，团结起来才能寻得解决之道。

共同体的理想目标

曾经有一个电视台找我做主题为“没有比京都更好的地方”的采访，我断然拒绝了，因为我不认为京都就是最好的地方。现在许多日本人妄自尊大，觉得日本就是最好的，这实在令人困扰。这是优越感，但是真正优秀的人是不会炫耀自己的。国家也是如此，世界上每个国家都有独具特色的城市，非要用这点去和其他国家比个高低，表面看上去是优越感，实则却是深深的自卑感。

在过去，有些国家的政府担心民众不爱自己的国家，所以在发动战争时打出冠冕堂皇的正义理由，激起民众的仇恨，强制所有人爱国。

不爱自己的国家是一件可悲的事情，但如果过于偏激，陷入民粹主义又是错误的。从根本上来说，人爱的不是“国家”，而是“共同体”。

阿德勒认为，共同体比一般人所想的团体都大得多。共同体是无法达到的理想目标，绝不是现存的任何一种社会形态，它包含个人所属的家庭、学校、职场、国家、人类群体，也包含过去、现在、未来的所有人类，是包括有生命、无生命的事物在内的宇宙整体。

“出现问题的绝不是法理社会与礼俗社会，也不是政治、宗教形态。”

共同体不仅存续于当下，它将过去、现在、未来都串联起来。我们不仅要和这一代人产生关联，也要和下一代人共处，现在的和谐不代表今后都可以高枕无忧。

阿德勒所说的“共同体”（礼俗社会）在目的、利益等方面都与法理社会存在明显区别，礼俗社会是内部团结、一致对外的社会形态。

可持续的共同体

阿德勒所说的共同体与基督教的共同体不同，前者是向外开放的。神学家八木诚一说，基督教的社会是不求任何回报的纯粹“赠予型社会”。

阿德勒笔下的共同体是向世界无限开放的。共同体感觉是人与人互相连接的状态，连接的对象属于无限外延的共同体，是所有人。

面对受伤的人，无论他的国籍、种族是否与自己相同，人们都不会见死不救，但是“好撒玛利亚人”的寓言故事却告诉世人事实并非如此。

一个犹太人被强盗打劫，受伤躺在路边，自己的同胞却见死不救，而撒玛利亚人面对蔑视自己的犹太人，以德报怨，不顾教派隔阂伸出援手，这下仇敌成了救命恩人。

正因为共同体是向外界无限开放的，所以我们必须接受当前共同体之外的人，他们是我们的“邻人”。这里说的“邻人”是“所有个人”，不单单是眼前的“这个人”。

20 世纪 30 年代末，日本人骂人喜欢加上一句“你还是日本人吗？”，这是反问句，意思就是“你不算日本人”，暗指对方的言行不符合日本人的标准。

然而“个人”是属于比国家更大的共同体的。

1945 年 3 月 31 日晚，白井健三郎（日本法国文学专家，任职于海军司令部）被人指责“你还是日本人吗？”，白井健三郎淡然处之，有了以下对话：

“不，我首先是人。”

“这是什么话？我们首先都是日本人。”

“不对，不论是哪国人，首先都是人。”

加藤周一记录下了这个故事，并评价道：“人权得以在‘首先是人’中体现。大多数人如果在想说‘你还是日本人吗？’的时候，换成‘你还是人吗？’的话，宪法就有了生命，人就有了尊严，国家就找到了和平与民主的道路。”

慢慢地改变

柏拉图的《理想国》中有一个非常有名的“洞穴比喻”：

有一个洞穴，一群囚徒从小就住在那里，四肢被禁锢着不能动，头也不能动，他们只能看面前的洞壁，墙上的投影是他们看到的唯一现实，他们对此深信不疑。

有一天，一个囚徒可以扭头转向，看到了背后的事物本身，炫目的光使他眩晕，一切都处于迷乱之中，他认为过去看到的影子比现在看到的东西更真实。

但是，总有一天，他会适应“真实的世界”。

我们可以用柏拉图的“理念”思想去理解洞穴比喻：人类就是囚徒，受限于感官等因素只能看到事物的投影，这种投影在现实世界中也存在，或许就是许多与理念的世界近似的事物。

囚徒们看不到的地方才是真实的世界，但是囚徒们却认为那些投影就是唯一的真实。为了发现、看见“真实的世界”，人们需要转身，这个词也被翻译为转向、转变。

转身

要想实现彻头彻尾的转变，仅仅扭头是不够的，整个身体都要转过来。这个过程绝不是轻而易举能做到的，但只要转身瞥见了“理念”真身，就不会再弄混，改变就发生了。

然而，现实生活中下定决心做出改变的人一旦稍有懈怠，就会前功尽弃。就像疫情之下，原先闻新冠病毒色变，唯恐避之不及的人，在听说人类可能将与病毒长期共存后就放松警惕，回到了原来的生活模式。

做一件事情，没有看到成果，或者没有立即看到成果，有些人就会选择放弃。拿居家隔离举例，如果感染人数下降那就说明有效，短视者就愿意遵守规定；可如果居家隔离后情况没有发生质的变化，生活没有明显起色，那短视者就不愿意老实待在家中了。

许多人相信要么全赢要么全输，但人生大可不必孤注一掷，中间有许多过渡空间，需要耐心。

人会在某个契机，悔悟至今为止的人生，选择信仰一些力量，甚至将其称为“回心”。在一些人心目中，“回心”带有强烈的戏剧色彩。

克尔凯郭尔是这样解释“回心”的：“回心是缓慢发生的，人不可能瞬间幡然悔悟，掉转方向，而是在前进和后退中不断重复，甚至有可能经过一番努力后还是处在原位，所以整个过程是恐惧的、令人战栗的。”

正如克尔凯郭尔所说，改变不是立竿见影的，是向前又向后，缓慢发生的。就算没有立刻看到成果也不必焦躁，只需做好自己能做的。

现在许多人的问题是，有想要改变自己的决心，但在短期内看不到变化，就认为自己无药可救，破罐破摔。改变是螺旋上升的过程，就算回到原点，我们也比之前好，至少会发生细微的变化，这也是值得喜悦的。

一个人的
力量
是巨大的

当碰上难题，没有人能给出答案时，人们会觉得无论自己做什么都没有用，就算自己改变了，社会也不会发生变化，这种无力感与绝望牢牢禁锢住了人们。

但是，无力感不是困难带来的，而是人刚刚尝试就想要放弃，却又试图掩盖住自己没有做出努力的事实而创造出的情感。

当在完成某个任务的过程中遇上麻烦时，许多人就会寻找自己做不到的理由，他们内心的想法是："照这样下去肯定是不行的，我必须做出改变，但是……"这个"但是"就是人为制造的，说出"但是"其实就相当于宣告放弃。

面对困难，许多人认为一个人的力量是有限的。然而为了实现目标，每个人都不应低估自己的能力，因为每个人都可以带来改变。

人属于多个共同体，加入新的共同体时，原来的共同体就不复存在，可见每个人都具备改变整个共同体的力量。

参考书目及资料来源

Adler, Alfred, *Adler Speaks: The Lectures of Alfred Adler*, Stone, Mark and Drescher, Karen eds., iUniverse, Inc., 2004

Burnet, J. ed, *Platonis Opera, 5vols*., Oxford University Press, 1899-1906

Descartes, *Le Descours de la Mé rhode*, Euvres philosophique, Tome I, Garnier Frères, 1963

Fromm, Erich, *Haben oder Sein*, Deutscher Taschenbach Verlag, 1976

Sontag, Susan, *Illness as Metaphor and AIDS and Its Metaphors*, Picador, 2001

Thucydides, *Historiae in two columes*, Oxford, Oxford University Press, 1942

阿尔弗雷德·阿德勒，《知识心理学》，岸见一郎译，Arte 出版社，2008

阿尔弗雷德·阿德勒，《寻求生活的意义》，岸见一郎译，Arte 出版社，2008

阿尔弗雷德·阿德勒，《性格心理学》，岸见一郎译，Arte 出版社，2009

阿尔弗雷德·阿德勒，《生命对你意味着什么（上）》，岸见一郎译，Arte 出版社，2010

阿尔弗雷德·阿德勒，《生命对你意味着什么（下）》，岸见一郎译，Arte 出版社，2010

阿尔弗雷德·阿德勒，《个人心理学讲义 生命的科学》，岸见一郎译，Arte 出版社，2012

阿尔弗雷德·阿德勒，《为什么会得神经症》，岸见一郎译，Arte 出版社，2014

阿尔弗雷德·阿德勒，《孩子的教育》，岸见一郎译，Arte 出版社，2014

岸见一郎，《摆脱生活的痛苦》，筑摩书房，2015

岸见一郎，《我们还能爱年老的父母吗？》，幻冬舍，2015

岸见一郎，《不聊成功，聊聊幸福》，幻冬舍，2018

岸见一郎，《爱与犹豫的哲学》，PHP 研究所，2018

岸见一郎，《幸福就在此时此刻》，清流出版社，2019

岸见一郎，《人生苦短但却不能一死了之》，讲谈社，2020

岸见一郎，《老后的生活方式》，KADOKAWA，2020

岸见一郎、古贺史健，《被讨厌的勇气》，钻石出版社，2013

岸见一郎、古贺史健，《幸福的勇气》，钻石出版社，2016

伊坂幸太郎，《PK》，讲谈社，2012

伊坂幸太郎，《逆苏格拉底》，集英社，2012

加藤周一，《“羊的歌”余闻》，筑摩书房，2011

索伦 · 克尔凯郭尔，《克尔凯郭尔的日记》，铃木祐丞编译，讲谈社，2016

神谷惠美子，《关于生存价值》，みすず书房，2004

九鬼周造，《九鬼周造随笔集》，营野昭正编，岩波书店，1991

徐京植、多和田叶子，《首尔—柏林语言的台球碰撞》，岩波书店，2008

保罗 · 乔尔达诺，《新冠时代的我们》，早川书房，2020

索福克勒斯，《俄狄浦斯王》，藤泽令夫译，岩波书店，1967

迁邦生，《词语的箱子》，中央公论社，2004

维克多 · 弗兰克尔，《夜与雾》，霜山德尔译，みすず书房，1985

三木清，《人生论笔记》，新潮社，1954

三木清，《三木清全集》，岩波书店，1966—1968

三木清，《不能说的哲学》（《人生论笔记》，KADOKAWA，2017 年收录）

森有正，《在巴比伦的河岸》（《森有正全集 1》，筑摩书房，1978 年收录）

森有正，《河岸旁》（《森有正全集 1》，筑摩书房，1978 年收录）

森有正，《向着沙漠》（《森有正全集 2》，筑摩书房，1978 年收录）

和辻哲郎，《写给妻子和辻照的信（上）》，讲谈社，1977

和辻哲郎，《写给妻子和辻照的信（下）》，讲谈社，1977

和辻照，《写给丈夫和辻哲郎的信》，讲谈社，1977

八木诚一，《耶稣和现代》，平凡社，2005

吉野弘，《吉野弘诗集》，小池昌代编，岩波书店，2019